jingguan kuaisu sheji yu biaoda

景观

快速设计与表达

王红英　徐俊　郭凯　编著

U0248414

中国电力出版社
CHINA ELECTRIC POWER PRESS

内 容 提 要

本书重点围绕景观表达与快速设计为主要内容精心编写，系统地介绍了景观手绘及设计表达的方法与步骤，提供了大量优质习作及素材资料。全书分为5章：第1章为景观手绘基础；第2章为景观元素练习；第3章为方案设计表达；第4章为细部景观设计表达；第5章为景观快题表达。本书图文并茂、图注详实、内容新颖，注重实用、突出实例，是针对风景园林和环境艺术专业方向学生学习景观手绘、快题设计的教学用书，以及相关考研学生的必备资料。同时，也可满足社会景观行业专业人群的需求，可作为培训教材及参考书籍。

图书在版编目（CIP）数据

景观快速设计与表达 / 王红英，徐俊，郭凯编著. --北京：中国电力出版社，2016.9
ISBN 978-7-5123-9654-8

Ⅰ.①景…　Ⅱ.①王…　②徐…　③郭…　Ⅲ.①景观设计　Ⅳ.①TU983

中国版本图书馆CIP数据核字（2016）第190077号

中国电力出版社出版发行
北京市东城区北京站西街19号　100005　http://www.cepp.sgcc.com.cn
责任编辑：胡堂亮　梁　瑶　　联系电话：010-63412605
责任印制：蔺义舟　　　　　责任校对：郝军燕
北京盛通印刷股份有限公司印刷·各地新华书店经售
2016年9月第1版·第1次印刷
889mm×1194mm　1/16·10.75印张·213千字
定价：49.80元

敬告读者
本书封底贴有防伪标签，刮开涂层可查询真伪
本书如有印装质量问题，我社发行部负责退换
版权专有　翻印必究

▶▶ 前　言

　　园林景观建设行业的人才需求促进了景观设计类教育的规模化，促使开办风景园林、环境艺术、园林景观相关专业方向的院校越来越多。当前业界电脑普及，虽然设计软件功能强大，但具有一定的局限性，侧面凸显了手绘快速设计与表达的重要性。

　　关于景观手绘的教材与参考书，目前市场出版的越来越多，但是参差不齐，有的书中内容既包含室内又包含景观、专业针对性不强，有的则针对表现而忽略设计、实用性有欠缺，就连不少培训结构的内部教材也是如此，虽然这些习作资料内容丰富，但景观设计知识涉及大多不够深入细致。

　　"表现"并不能等同于"表达"，表现是表面的相对概念，只有具备较深入设计思维才能够称之为表达。本书基于设计与表达两个层面为出发点进行编写，内容丰富且深入严谨，这便是本书的可贵之处。

　　本书编委会成员均来自高校表现类与设计类课程教学一线，具有优秀的设计水平和丰富的教学经验。编写人员及其分工方面，王红英老师负责全书统稿组织并编写，科学严谨的教学方法，结合多年教学成果，花费诸多心血打造本书，终于形成科学系统、完整适用的"景观快速设计与表达"手绘教材。徐俊和郭凯两位老师任副主编，细致深入地参与了具体章节的编写工作，参加编写的人员还有唐艳冉、张曼、陈夏、李瑞琪等，他们为本书文字及图片整理花费了大量精力，在此表示感谢。

　　本书的编写过程中，也参考了一些优秀教材、资料及著作，其中主要资料已列入本书参考文献中，在此谨向各位作者表示衷心的感谢！倘有纰漏之处敬请相关作者谅解！此外，本书的出版还得到了编者所在单位及出版单位的大力支持，在此谨向有关人员一并致谢。

　　由于当前我国风景园林手绘设计表达与实践正处于蓬勃发展的时期，新的内容和问题将会不断出现，书中难免存在不足之处，敬请广大读者及同行指正。

编著者　王红英

▶▶目　录

第 1 章
景观手绘基础

1.1　透视原理

透视投影相当于以人的眼睛为投影中心的中心投影，符合人们的视觉习惯和规律，富有较强的立体感和真实感，透视的特点有：近大远小，近高远低；近长远短，近疏远密；互相平行直线的透视汇交于一点，透视可分为一点透视、两点透视和三点透视。

1. 一点透视

物体上的主要立面（长度和高度方向）与画面平行，宽度方向的直线垂直于画面所做的透视图只有一个灭点，称为一点透视。

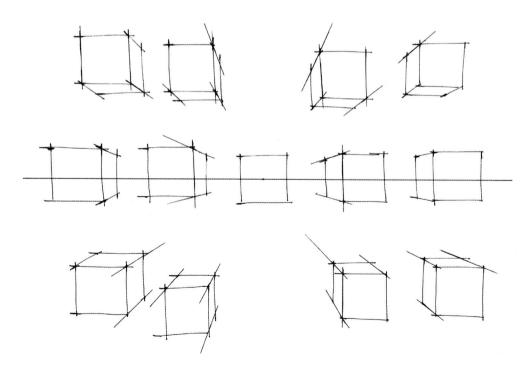

一点透视示意图

　　一点透视的画面内容只有一个消失点，但可以产生较强的纵深感，适合表现庄重、对称的设计主题。

一点透视景观

　　一点透视画面中有三种线：平行线、垂直线、消失于灭点的线。

一点透视建筑

2. 两点透视

景物有一组垂直线与画面平行，其他两组线均与画面成一角度，而每组线有一个消失点，共有两个消失点，也称成角透视。

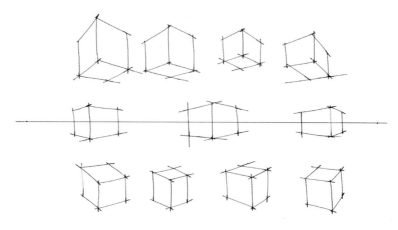

两点透视示意图

两点透视图效果比较自由、活泼，能比较真实地反映空间。缺点是角度选择不好易产生变形。初学者可以尝试将灭点设置在画纸范围以内或画纸页面范围以外进行对比分析，灭点，视点的位置不同对画面的影响。

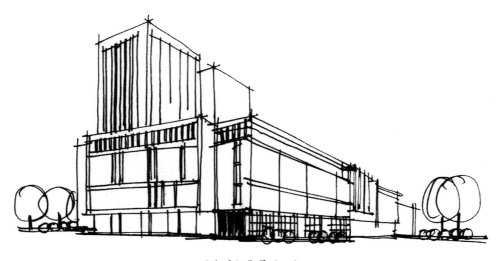

两点透视街景（一）

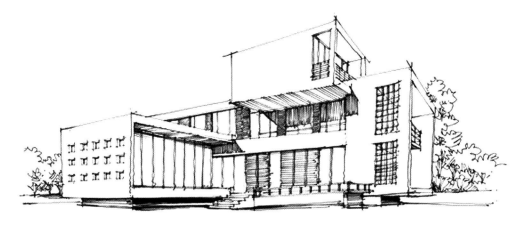

两点透视街景（二）

两点透视街景（三）

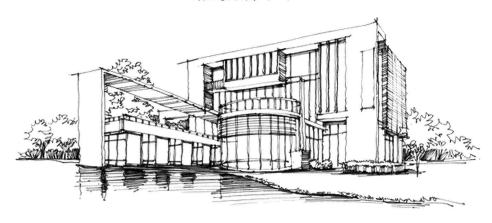

两点透视街景（四）

3. 三点透视

三点透视又称倾斜透视，一般用于超高层建筑的俯瞰图或仰视图。第三个消失点，必须和画面保持垂直的主视线，必须使其和视角的二等分线保持一致。

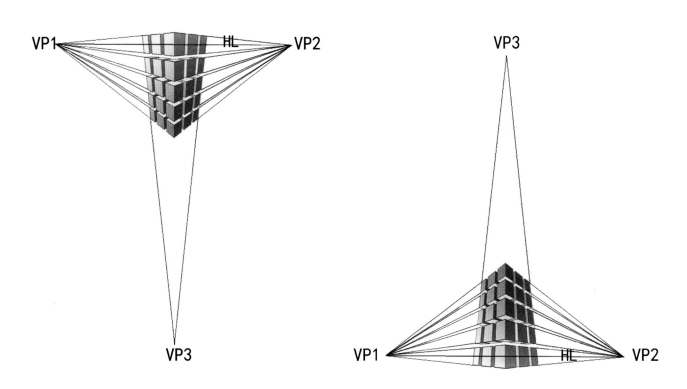

三点透视示意图

1.2　线条运用

1. 直线和曲线

　　手绘起步线条的练习是手绘的基本。直线是我们接触手绘的基础技能，所有的艺术和设计表现技法都要过直线这一关。手绘直线看似简单，其实关系到手绘技能的进一步提高。

　　在线条练习过程中，要尽量保持短线间的相互平行关系，在实际表现中，各个短线之间虽不是规律的平行关系，但间距要尽量保持紧密，整体方向保持统一，不要出现大的偏差。

直线练习

　　想要在三维的空间内生动表现景观离不开优美的曲线。直线和曲线是建筑与环境手绘表现中构成多种形体的基本要素。

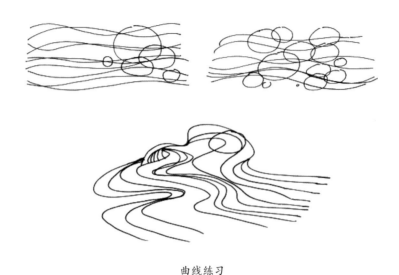

曲线练习

　　在直线与曲线两者的练习基础上，我们还附带了一些特殊形态线的练习，以满足表现中更广泛的需要。

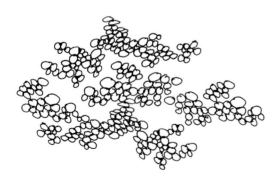

卵石线练习

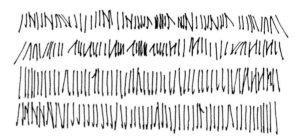

短画线练习

要画好速写线条，应该从最基本的几何形体出发。所有的手绘表现都是由体块穿插而成，而体块是由线条构成。

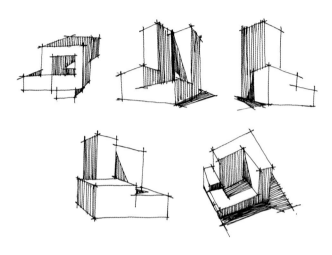

线条体块表现

不同对象的表达，运笔的速度很重要，如在建筑手绘表现体块的练习中，线条的速度要快，要硬朗才能完美的表现空间的结构关系；在平面的练习中，线条速度要慢要柔韧，强调平面位置的准确性和韵律感。

线条的抽象运用与表达

2. 特殊线型

　　手绘线条体现出丰富的性格和形态。特殊线型的线条不是手绘直接使用的线条类型，训练过程中要把握线条的多样性，提高对自由曲线和流线状态的适应。

　　"锯齿线"是在弧线练习基础上的提升，也是必要的基础练习。在实际表现中，尤其是对植物轮廓的表现上具有很实用的价值。

　　"爆炸线"与"锯齿线"有些相似，但它的画线速度更快，而且整体轮廓呈放射状。"爆炸线"的绘制也要带有一定的自由度，在练习初期很容易出现套索现象。

　　"水花线"对加强用笔灵活度是一种很好的锻炼方法，它是以波浪线为形式基础，自由而连续地画出像水花喷溅一样的效果。

　　"波浪线"是曲线练习的一种延伸，主要是针对铅笔进行练习的，在画线的同时还能训练眼睛的水平观察能力。在画"波浪线"时要刻意地强调轻重缓急，压笔力度要随着波浪线的起伏而有节奏地变化，线条有轻有重，呈现较为匀称的虚实效果。

　　"骨牌线"是由多条短线排列组成，形态很像连续倒下的骨牌，很有序列感，这种方法可以在今后画草皮时使用。

线条的具象运用与表达

　　景观手绘设计与表达的时候，线条下笔要干脆流畅、准确肯定，线条与纸张接触切记不可拖泥带水，不怕它错就怕不准不干脆，即使线条有误也切不可反复修改笔触影响画面。

3. 材质与肌理

　　线条的长短、曲直、粗细、平行或交叉关系，线条的群组关系，所形成的效果对表达景观物体的肌理、图案，形体、质感都能起到意想不到的效果。

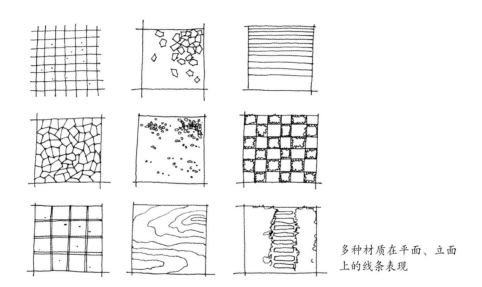

多种材质在平面、立面
上的线条表现

　　线条的分类练习能够起到事半功倍的效果。很多大学生或者初学者忽略线条在手绘表现中的应用，特别是在景观手绘表现中的应用，他们认为学手绘就是学习马克笔，殊不知，马克笔表达效果的好坏很大一部分是由线条关系而决定。

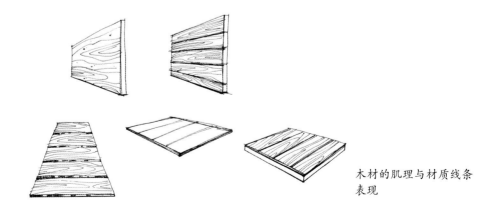

木材的肌理与材质线条
表现

4. 线条的魅力

景观手绘表现中，线条能够充分展现景观设计工作人员的设计能力和艺术修养，体现出线条在景观手绘中的魅力。

线条在景观局部手绘表现中的魅力

线条表现速写物象的时候，物体的结构与外轮廓的线条表现也是比较重要的，内部的细节则可适当虚化。

线条在景观石头手绘表现中的魅力

　　线条是手绘最基本的元素，好的线条往往能让人眼前一亮，它不仅可以勾画景观的轮廓，描绘景观信息传达的敏感度，还可以表现出不同的风格，传达设计师微妙的情感。

　　速写线条表现复杂画面时，构图必须进行概括与提炼，构图只有从整体入手才能把握住画面的整体。线条的曲直、疏密、平行或交叉，在线条的各种组织方式中，形成丰富视觉效果。

线条在传统聚落景观写生中的魅力

1.3 彩铅着色

1. 基础训练

彩铅是手绘表现中最常用的表现工具，简便快捷、便于携带，能够应用于多种表现形式，技法难度不大，掌握起来比较容易，是设计师常用的手绘表现工具。

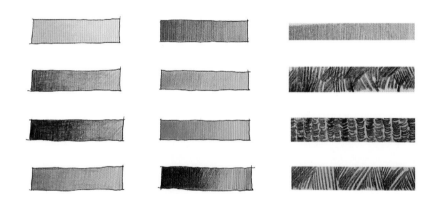

彩铅单色深浅平面渐变

彩铅的笔触与力度很有讲究。笔触的方向尽量保持统一，笔触方向稍微向外倾斜，保持形式美感。用色准确，下笔果断，加强力度才能拉开明暗对比，使画面比较粗重、色彩饱满，用力较轻可以使色调与纹理混合搭配比较细腻，但画面容易发灰，颜色偏浅。

彩铅的特点是增强力度、色彩丰富、笔触统一。彩铅的表现技法看似简单，但并不随意，要遵循一定的章法，才能真正发挥它的作用。

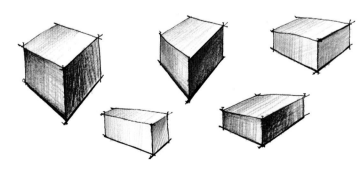

彩铅渐变表现体块关系

2. 材质表现

彩铅着色深浅较马克笔容易把握，初学者可先尝试彩铅上色。彩铅的优点是过渡自然、没有明显的笔触色块。

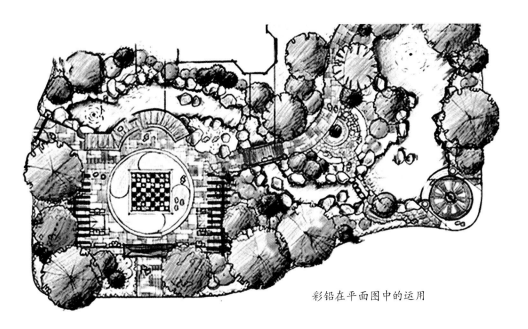

彩铅在平面图中的运用

另外，因彩铅笔触粗糙、颗粒感强，对于玻璃、石材、亮面漆等光滑质感的表现稍弱，所以较多适用于表现粗糙的材料质感和肌理，如草地、树木和粗糙石材等。

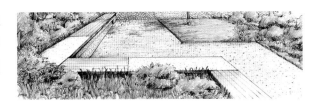

彩铅效果图所表现的材质

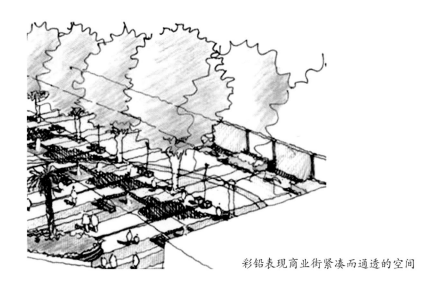

彩铅有时候运用
于有纹理的纸张，笔
尖与纸张倾斜接触、
笔触粗狂。彩铅更易
表现开阔而通透的
空间。

彩铅表现商业街紧凑而通透的空间

彩铅表现游园的开阔

使用彩铅进行表现，所追求的画面效果是浪漫清新、活泼而富于动感。用彩铅着色的黑白底稿，一般都应尽量处理得细致、完整和深入。

彩铅着色的黑白稿处理得细致、深入

彩铅着色效果图

彩铅着色效果图

彩铅与马克笔经常结合使用，许多优秀的手绘作品在创作过程中采用彩铅与马克笔结合的方法，发挥各自特点优势。

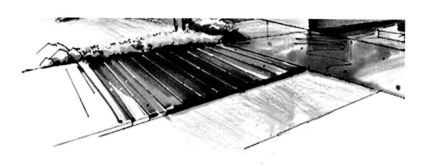

彩铅与马克笔结合使用的局部处理

彩铅与马克笔结合使用，使画面虚实结合，效果表现生动。石材的紧实与光泽，遥远天空的虚空，表现的恰到好处。

彩铅与马克笔结合使用的整体效果

1.4 马克笔着色

1. 基础训练

马克笔表现是着色的一种形式，其效果主要来自于用笔的技巧。马克笔的笔头是特制的，笔头全面着纸，能画出较宽的线条，如果将握笔角度逐渐提高，画出来的线条就越来越细，这是它最基本的笔法。马克笔的线条有灵活的应变效果，以这种宽窄、粗细不同的变化才能满足各种不同的表现需要。

无论是做练习还是实际应用，都要注意线段的长短以及排列要有明确的秩序，不能有明显的参差差异，但也不是要求完全一致。

马克笔宽窄粗细的笔触

马克笔的用笔强调快速明确，追求一定的力度，一笔就是一笔。画出来的每条线都应该有清晰的起笔和收笔痕迹，这样才显得完整有力，不需要加大整体用笔力度，只要在起笔收笔时略微加力就可以了；用笔的速度很重要，只有加快运笔速度才能更好地体现这种干脆、有力的效果，对于一些较长的线条也应该快速地一气呵成，中间不要停顿续笔。

马克笔笔触练习

　　马克笔表现效果的是笔触，讲求一定的章法，具有一定的排线形式。一种排列技巧是特意制造出规则的"压边"痕迹；另一种是空隙排列方式，是指在笔触之间留出一定的富有变化的微量间距。

　　笔触排列练习形式，在实际表现中可以将它们融合，一起来使用，排列的线段中可以偶尔做些轻微的倾斜，使一端出现细长的三角形空隙，而另一端则出现"压边"效果。在表现过程中可以随时调整笔头的着纸角度，画线时不断转动笔身，控制线条的宽窄粗细变化，这是一种很重要的用笔技巧。

马克笔笔触排列练习

　　马克笔不适合做大面积涂染，需要概括性的表达，但是这种概括性的手法也要作一些必要的过渡。柔和的过渡效果是马克笔不擅长的，遇到这种情况，就要依靠笔触的排列来解决。

　　色彩逐渐变化的上色方法称为退晕，退晕可以用于表现画面中的微妙对比。马克笔色彩的渐变效果将退晕技法的运用表现得淋漓尽致，是进行虚实表现的一种最有效的方式。在马克笔表现中，会大量地运用到虚实过渡。

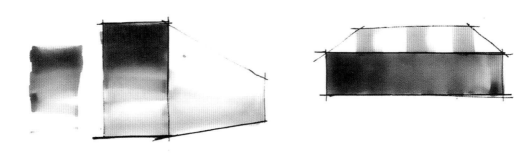

马克笔退晕技法表现渐变效果

　　马克笔表现一个基本规律是受光面上浅下深，背光面则刚好相反。马克笔体块与光影训练是一个关键环节，在进行体块关系训练的时候要掌握黑、白、灰三个面的层次变化。

　　光影是马克笔表现的一个重要元素，通过对体块的训练，掌握画面的黑白灰关系，有利于加深画者对画面体块与光影关系的理解，对后期进行空间塑造也有很大帮助。

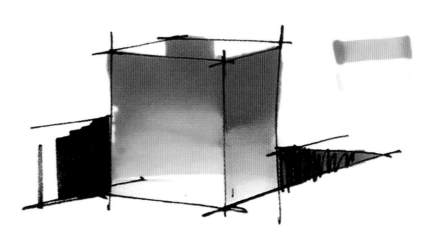

马克笔体块与光影训练

通过几何形体进行马克笔的光影
与体块的训练，可以有效练习黑白灰
与渐变关系：一是要注意亮部的留
白；二是亮部从下往上依次减弱；三
是运笔要肯定，不要拖泥带水；四是
颜色过渡要自然柔和。

马克笔光影与体块训练（一）

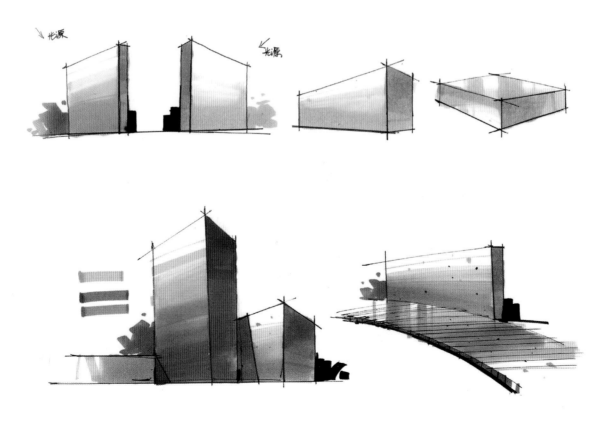

马克笔光影与体块训练（二）

  这种表现不能单靠深浅色差对比，而是利用折线的笔触形式，逐渐拉开间距，降低密度，区分出几个大块色阶关系，概括地反映过渡效果。

  使用马克笔进行着色要遵循由浅入深的规律，强调先后次序来进行分层处理。在着色初期，通常使用较浅的中性色做铺垫，就是底色处理；而后逐步添加其他色彩，使画面丰满起来；最后使用较重的颜色进行边角处理，拉开明度对比关系。按照这种步骤操作可以有效地体现画面的层次效果。

运用马克笔的深浅对比和笔触变化表现过渡效果

2. 材质表现

材料的色彩变化会构成典型环境中的主要色彩基调，并以其最强烈的视觉传播作用刺激观者的视觉和听觉，乃至引导人们的行为。

纹理是指材料上呈现出的线条和花纹，纹理与质感的表达有很大的作用，能够使设计成果更真实、更具说服力。质感指对材料的色泽、纹理、软硬、轻重、温润等特性把握的感觉，并由此产生的一种对其质感特征的真实把握和审美感受。

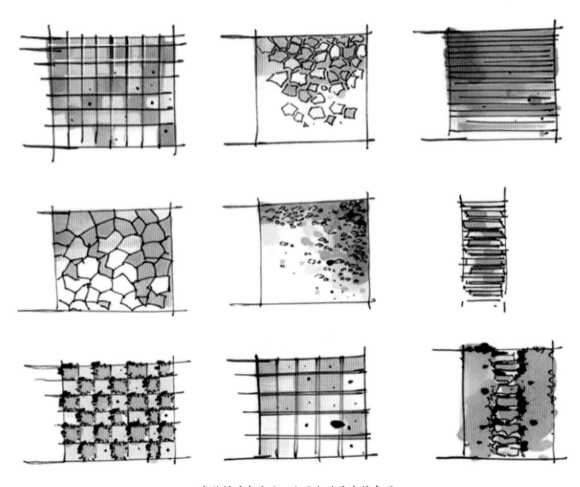

多种材质在平面、立面上的马克笔表现

　　不同的质感给人以软硬、虚实、滑涩、韧脆、透明与浑浊等多种感觉。不同的物质其表面的自然特质称天然质感，如空气、水、岩石、竹木等；而经过人工处理的表现感觉则称人工质感，如砖、陶瓷、玻璃、布匹、塑胶等。

　　景观的地面铺装：处理地面效果图的时候要注意地面的透视，按照透视结构，分清楚远近铺装，远处色彩稍微暗过近处，反射光感也弱于近处（近明远暗，近实远虚）。画面中心的铺装可以适当给些反射，但不要过于夸张。

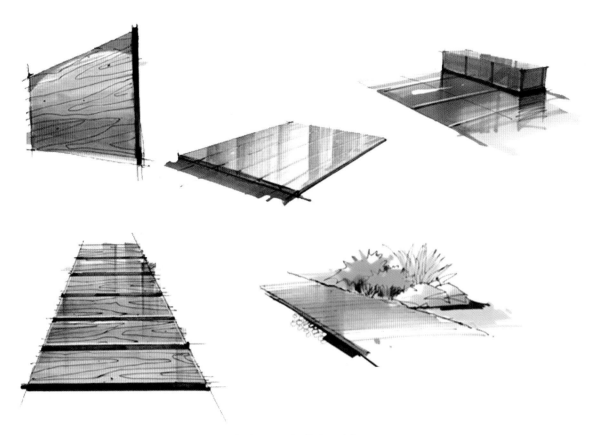

木材的肌理与材质效果表现

　　木材的质感主要通过固有色和表面的纹理特征来表现，要通过马克笔和彩色铅笔叠加几层后，才能达到最终的效果。

户外木地面铺装效果画法

　　木地板的反光性较弱，但是也具有一定的反光，对比不需要像地砖那么强烈。

草坪与木材的地面铺装效果表现

地面常用的材质还有鹅卵石、草坪、地砖、花岗石、大理石、嵌草砖等。

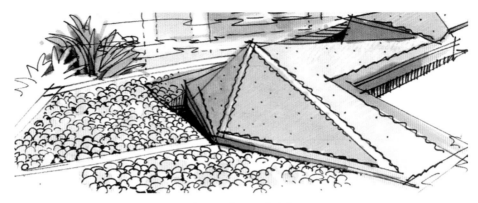

鹅卵石与草坡的材质表现

石材具有明显的高光，且直接反射灯光与倒影，因此在表现时，先用针管笔或签字笔画一些不规则的纹理和倒影，以表现光洁的真实纹理。

景观石材马克笔表现（一）

景观石材马克笔表现（二）

效果图中石材铺装的马克笔表现

效果图中石材、砖材墙面的马克笔表现

效果图中玻璃材质景观马克笔表现

第 2 章

景观元素练习

2.1　植物元素

1. 植物线稿

按照植物在画面的高矮层次关系，可以将其分为"树、丛、地"三种形式，来分别加以练习。

(1) 树的画法

树的空间、立体、造型离不开对光线的把握运用。其中受光面最亮，背光面较暗，被遮挡的里面部分则最暗。

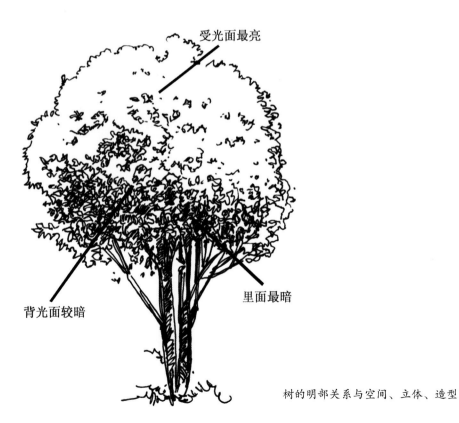

受光面最亮

里面最暗

背光面较暗

树的明部关系与空间、立体、造型

　　树的表现形式比较概括，树在画面中能够体现多种变化，而不会显得单一乏味，树被大量应用于建筑、环境的配景表现。树的作用在于作为配景烘托场景气氛，所以对树的表现应该简练含蓄。

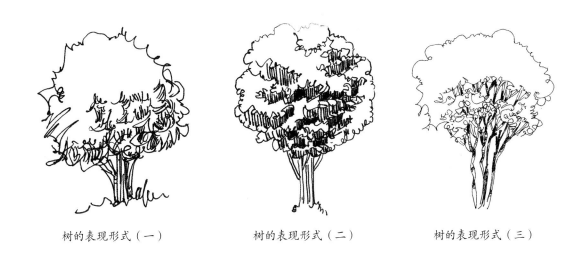

树的表现形式（一）　　　　　树的表现形式（二）　　　　　树的表现形式（三）

　　树的手绘表现中，抓住树的形态特征，画好树冠是最重要的，因为它在画面中所占的比例最大，视觉效果也最突出。树干与树枝的生长、结构关系也值得引起重视。

树干与树枝的生长、结构关系（一）　　树干与树枝的生长、结构关系（二）　　树干与树枝的生长、结构关系（三）

南方类树木的树冠表现

树冠的表现不能是简单而随意的，应该对其有很好地理解。在某些特殊地域，椰子树、棕榈树等大型热带树木也会经常出现，这种树树型挺拔，具有一定的现代感，独特的气质能够有效地表达一定的环境气氛。

雪松树冠表现

树冠特征是很有特色的，对叶面的形状和层次效果的把握最重要，同时还要把它们修长而略带弧线的外形特征表现出来。

（2）丛的画法

"丛"是比"树"低一级的植物配景，大多是低矮植物。"丛"是点缀、填充、装饰画面的必要配景形式，如果没有"丛"的贯穿，所看到的就是孤立的树和房子，也就谈不到自然的环境气氛了。"丛"的表现内容和方式也很丰富。

1）草丛。草丛一般以近景形式点缀在画面的角落，体现野生的自然效果。这种草丛的画法没有特定的规则，需要注意的是各种叶面之间的穿插、层次以及大小比例关系。

草丛的效果表现

2）花丛。花丛有两种形式，一种近似于草丛，也同样汇集于画面的边角，为近景起装饰作用，这种表现需要细致一些，趋于写实。

方案中经常出现的花池，通常被放在画面的中景部分，表现为连续的团状效果，不需要进行细致刻画。

花丛的效果表现

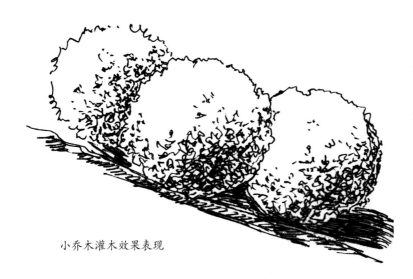

小乔木灌木效果表现

3）小乔木及灌木丛。
小乔木及低矮灌木丛的轮廓
线自然而富有韵律，整体形
态要有团状的效果和体积
感，树干和枝杈可以忽略不
画。低矮灌木丛主要起填充
和点缀作用，被用来适当遮
挡主体内容，为画面增添郁
郁葱葱的自然效果。

灌木丛的近景及远景效果表现

（3）地的画法

低矮灌木和草地在景观设计中是对绿化程度和自然效果的直接体现，所占画面面积大，也是烘托整体环境气氛的要素。

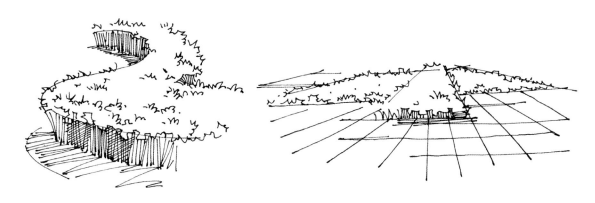

低矮灌木和草地的效果表现

2. 植物上色

在植物配景表现中所谓的"地"指的是草皮绿地。一般植物用简单的绿色来塑造，植物的色彩塑造主要分为留白、浅色和深色，留白处的亮颜色是整个画面出效果的地方。

草皮绿地的留白、浅色和深色

植物的色彩塑造

　　植物的塑造一般有两个色阶层次就够了。在把控好留白的基础上，第一层用浅色绿，在线稿的浅色部分大面积平铺就可以了，注意笔触的速度要快且匀速，马克笔真正的精髓都在亮颜色的用法上。

　　第二层要讲究一些笔触的用法，重色要慎重使用，重色并不可怕，但是不要太大面积使用。

刻画比较概括简练的植物表现效果

植物上色一定要有精彩留白，重色少亮部可用深色笔触略加深入刻画

刻画比较深入细致的植物表现效果

深色块的小面积使用来表达植物明暗过渡。掌握好用法与用量，注意点的虚实变化。

植物上色中深色块的运用

3. 植物配置与构景

　　植物组景表现也是设计表达中的精彩之处，在把握好单体植物特征的基础上，合理安排植物高低错落、形态特征、空间位置关系，可以使画面空间层次丰富，获得活泼生动的景观效果。

植物组景表现与景观效果

2.2　配景元素

1. 人的画法

画人时需要注意的几点是比例、着装及动态，人的手绘表现手法大都比较概括。初学者往往"背"住几种人物的画法，供合适的画面选择采用。

人物配景的抽象画法（一）

要根据不同的景深关系来配置人物，使用不同大小尺度的人物形象可以有效地体现空间进深，拉开远近层次。

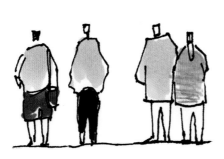

人物配景的抽象画法（二）

人物配景的身份、衣着、活动方式与场所环境气氛相适应。

　　人物分布的疏密关系也很重要，人物的组合通常以两人为一组与适量的单人进行搭配，三人以上的组合又显得过于密集，过多的单人表现会使画面零散。

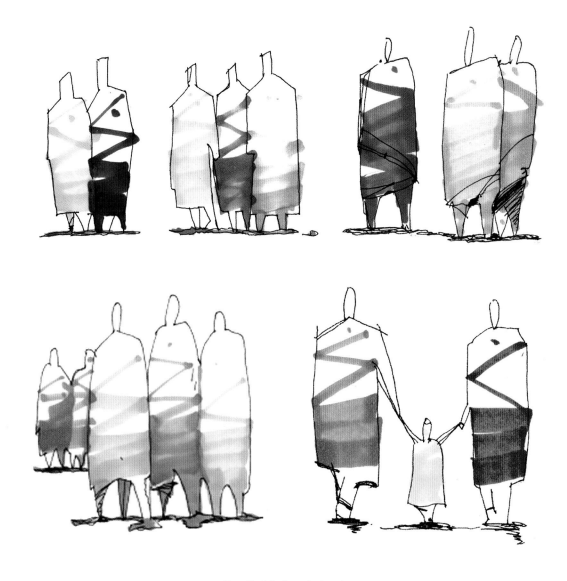

人物配景的抽象画法（三）

2. 汽车的画法

汽车的体块关系较明显，作画时可以首先勾画一个小汽车比例的方框，汽车上下部分的形状用方框代替，汽车消失点在图的水平线上。再在方框的基础上，勾出汽车形状。

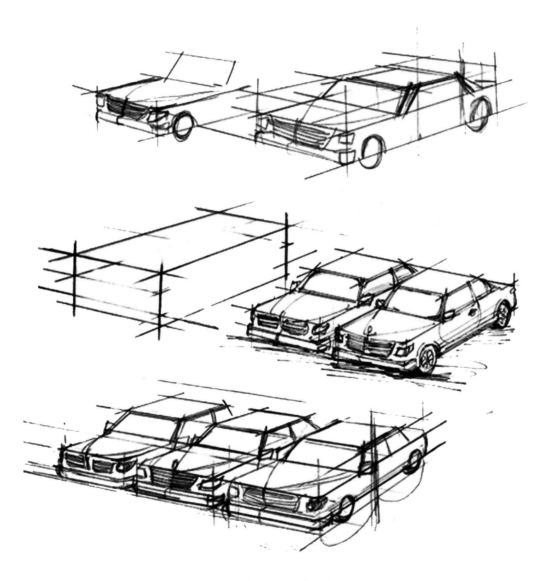

从透视比例尺度到汽车形态的勾画过程

景观手绘表现中，汽车平面、立面、透视的画法。

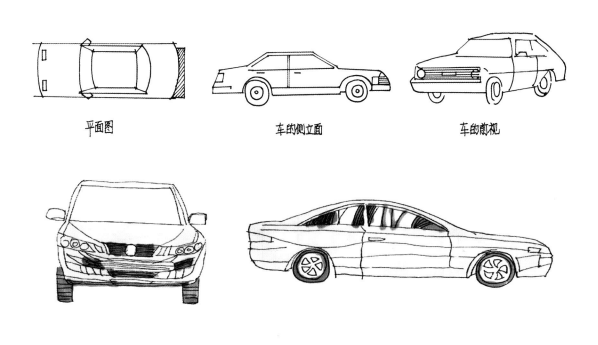

平面图　　　　　　　　　车的侧立面　　　　　　　　车的前视

一般的汽车轮廓都是流线型的，作为配景不需细致刻画，但应与画面风格特征保持一致。

3. 景石与水体

石头通常是成组出现，表达石头大小相配的组群关系。通常石块用线条勾勒时，轮廓线要粗些，石块面、纹理可用较细较浅的线条稍加勾绘，以体现石块的体积感。

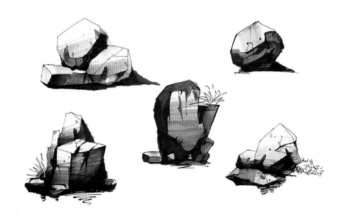

景石的效果表现（一）

不同的石块，其纹理不同，有的圆浑、有的棱角分明，在表现时应采用不同的笔触和线条。

景石的效果表现（二）　　　　景石的效果表现（三）

石头一般作为水岸的边界，与水总是相互衬映，紧密相连的。水边的石头形态、大小不一，表现时可少量描绘水晕效果。

景石、水体、植物的效果表现（一）

景石、水体、植物的效果表现（二）

　　表现水的时候，画的是水面的倒影效果，主要表现水岸边界的石头、植物对它的衬托，水中的倒影实际上是对岸边景物的反映。水面色彩深浅是由于岸边投影的光线明暗造成。

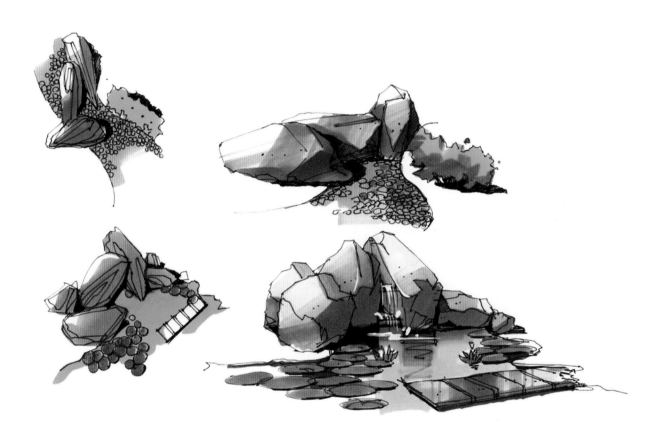

景石与环境的平面及效果表现

　　画水要找到倒影，因为水本身没有颜色，但是水能反映周边的环境色。所以水的暗部一般选择"blue grey"系列的。水中的荷叶需要加上投影。

　　石头不仅与水配合，还可以放在草地、路边等适合的位置作为配景点缀。表现时还应把握好相互的主次与空间关系，景观功能等。

景石与环境的效果表现

动水效果较难实现，溪流、小型瀑布或水池的水流跌落，体现水流的自然动感。

景石与动水的平面图、效果图及上色表达

　　表现动水效果通常是预先留出空白，用少量而快速流畅的纤细线条来表现水流的效果，表现出流畅、软绵而非体块感效果。

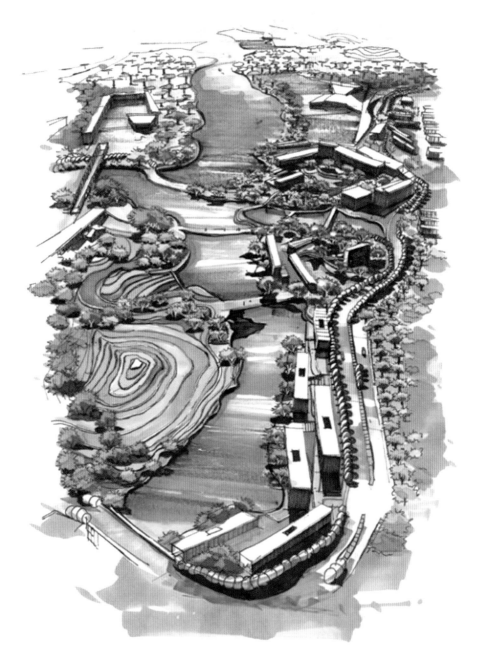

景美与否，有水则灵

4. 地面与铺装

　　景观设计中的铺装多种多样，且经常是一个重要的设计表现方面。利用不同颜色、不同质感的材料，采用相应的铺装方式，在地面上形成抽象或者具象的图案和纹样，选用不同颜色和表面质感的材料，铺装成各种形状、具有艺术性的颜色块面。

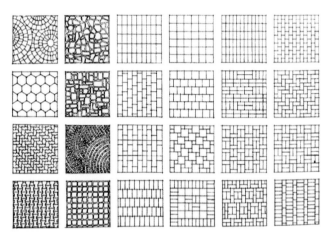

地面铺装的多种方式

　　特色铺装会为环境增加吸引力，用线条勾勒，注重细节及纹理的表现。在浅色调、细质感的大面积底色基面上，以一些主导性的、特色性的线条造型为主进行装饰。

特色铺装的暖色调表现

传统材料多指古代园林中常用的材料，如青石、岩石、鹅卵石、陶土砖等这些常见材料在现代园林中依然焕发生命力。

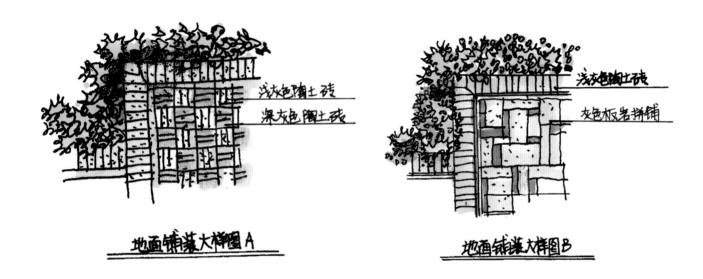

浅灰色陶土砖
深灰色陶土砖

地面铺装大样图A

浅灰色陶土砖
灰色板岩拼铺

地面铺装大样图B

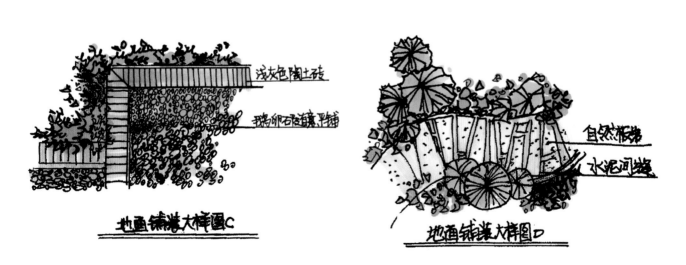

浅灰色陶土砖
鹅卵石随意平铺

地面铺装大样图C

自然板岩
水泥河卵

地面铺装大样图D

地面铺装大样图

2.3　设施与小品

　　园林中设置的设施与小品，一般具有装饰或实用功能，其功能主题和形象均应与环境风格相一致。

1.　花钵

　　种花用的器皿，摆设用的器皿，为口大底端小的倒圆台或倒棱台形状，质地多为砂岩、泥、瓷、塑料及木质品。

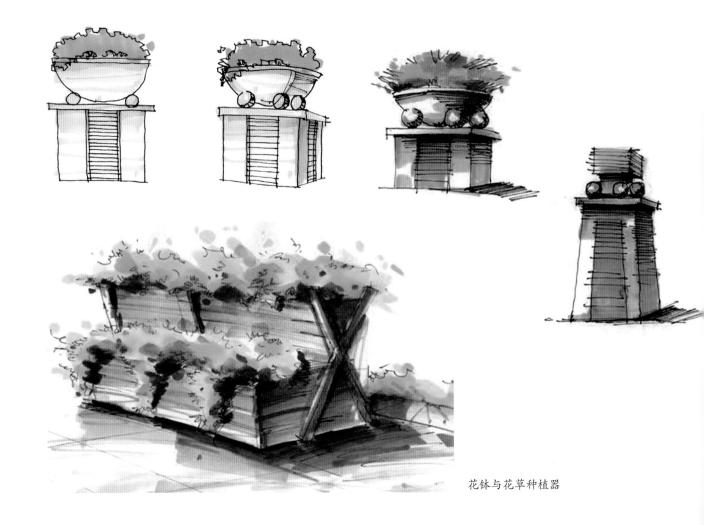

花钵与花草种植器

2. 景观亭、廊、架

景观亭、廊、架是园林重要的景观建筑物和构筑物。

具有装饰效果的景观构筑物设施

景墙是硬质景观的一种，在空间中是以立面形式存在的。这种立体形式的墙称为景墙。

景墙的多种形式及表现

　　园林休息设施中通常是休息廊和花架结合为一体同时出现。花架有结构支撑并有覆盖效果，供藤本植物攀爬，共同构成景观。廊是具有平面覆盖形式的景观休息设施。园林休息设施中的休息廊表现为花架的形式称为廊式花架，廊式花架的片版支承于左右梁柱上，另有花架固于单向梁柱上，两边或一面悬挑。

景墙及廊架的形式及表现

　　景观建筑物和构筑物的三视图表达是学习的重点，局部小景的平面图和立面图表达是景观方案设计的重要内容。

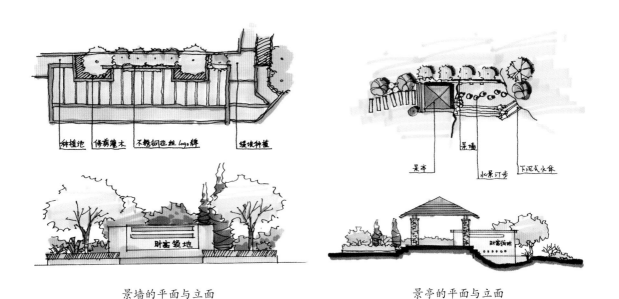

景墙的平面与立面　　　　　　　　景亭的平面与立面

3. 园椅、园凳、园桌

园椅、园凳、园桌，要求美观舒适、坚固耐用、构造简单、制作方便、易于清洁，以及色彩材质与风格与周围环境相协调。

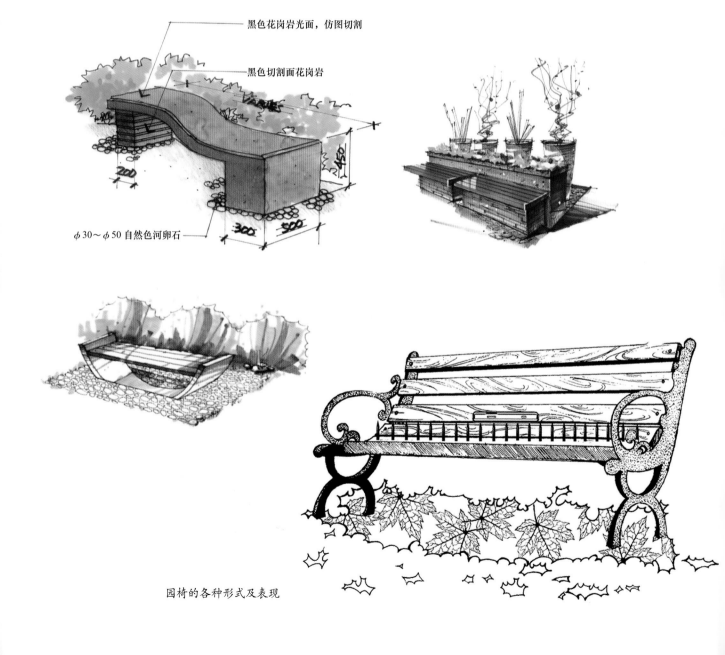

黑色花岗岩光面，仿图切割

黑色切割面花岗岩

$\phi 30 \sim \phi 50$ 自然色河卵石

园椅的各种形式及表现

　　设置在道路两旁的园椅、园凳及园桌，应退出人流路线以外，以免人流干扰、妨碍交通。园椅、园凳、园桌结合建筑设置时，要与建筑实用功能相结合。

成组设置的园椅园桌休息设施

4. 景观桥

景观桥的设计与表达注重功能和形式，注重桥体材料结构，与地形结合，与植被水体结合，与环境融为一体。

景观桥表现与表达（一）

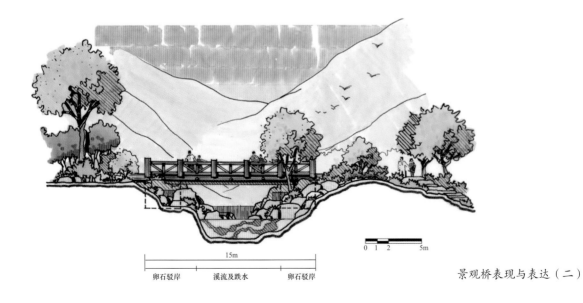

卵石驳岸　　　溪流及跌水　　　卵石驳岸

15m

0 1 2　　5m

景观桥表现与表达（二）

第 3 章

方案设计表达

3.1　平、立（剖）与透视

景观平、立（剖）是景观要素的水平面（或水平剖面）、立（剖）面的正投影所形成的视图。

1. 平面图

景观平面图是指景观设计场地范围内其水平方向进行正投影而产生的视图。

景观要素中的树木多用树木平面和立面表示，树木的平面表达可先以树干位置为圆心，树冠平均半径为半径画出圆，再加以表现，其表现手法和风格变化较大。

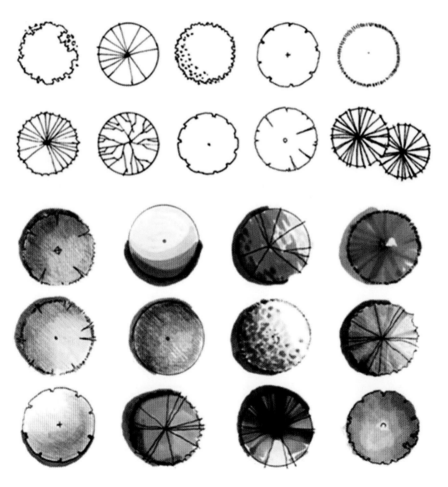

景观树木平面的表现方法

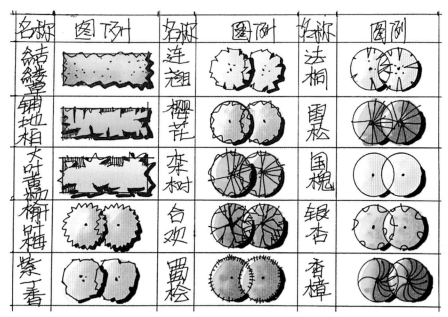

景观乔灌平面的表现方法

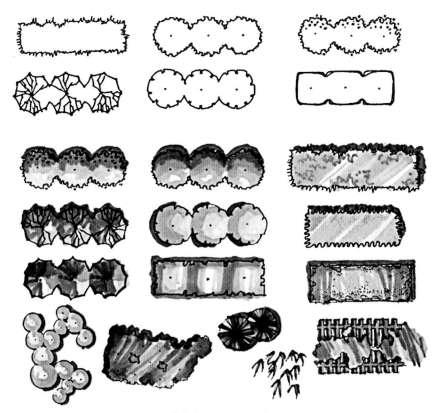

景观乔灌藤草植物平面的表现方法

　　灌木没有明显的主干，其平面形状有曲有直。灌木的平面表示方法与树木类似，通常修剪规整的灌木可用轮廓、分枝或枝叶型表示，不规则形状的灌木平面宜用轮廓型和质感型表达。

　　自然式栽植灌木丛的平面形状多不规则，修剪的灌木和绿篱的平面形状多为规则的或不规则，但平面轮廓是平滑的。

植物群落的表现方法

　　地被植物用轮廓勾勒和质感的形式表现，表现时应以地被栽植的范围线为依据，用不规则的细线勾勒出地被的范围轮廓。

地被植物平面及效果的表现方法

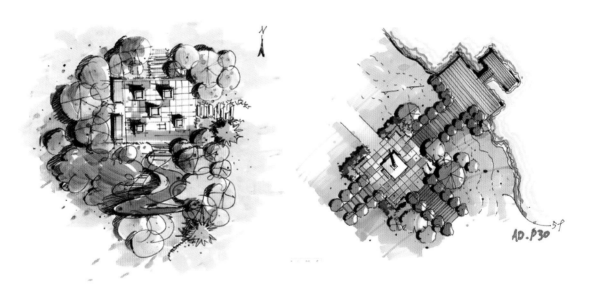

景观节点平面表现方法

平面图中的内容包括场地内建筑物及构筑物、道路与步行道、室外场地、植物、水体、户外公共设施、公共艺术品、地形等。

节点及放大平面图表现（一）

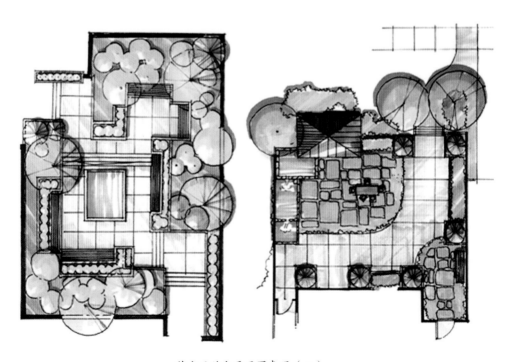

节点及放大平面图表现（二）

　　平面图主要表达场地的占地面积和形状，场地内建筑物及构筑物的大小及屋顶形式和材质，道路与步行道的宽窄及布局，室外场地（主要指硬质场地）的形状和大小及铺装材料，植物的布置及品种、水体的位置及类型，户外公共设施和公共艺术品的位置，地形的起伏及不同的标高等。

内容比较丰富全面的平面图表现（一）

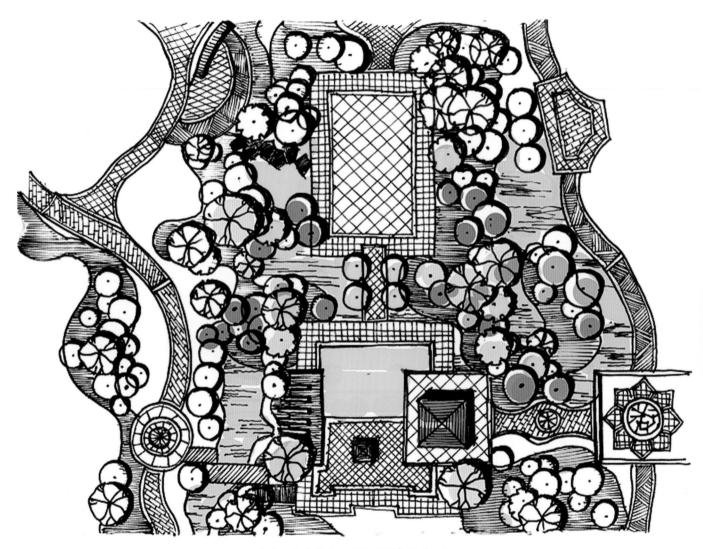

内容比较丰富全面的平面图表现（二）

2. 立（剖）面图

竖向设计是地形在竖直方向上的变化情况，及各造园要素之间位置高低的相互关系，它主要表现地形、地貌、建筑物、植物和园林道路系统的高程等内容。

根据公园四周城市道路规划标高和园内主要内容，充分利用原有地形地貌，提出主要景物的高程及对其周围地形的要求，地形标高适应拟保留的现状物和地表水的排放。

地形、水面、植物的平、立（剖）面图中的详细表示方法应加强练习。水在平面图、立面图上分别用范围轮廓线和水位线表示。

与平面图对应的竖向设计分析表现

植物单体及群落的竖向设计表现

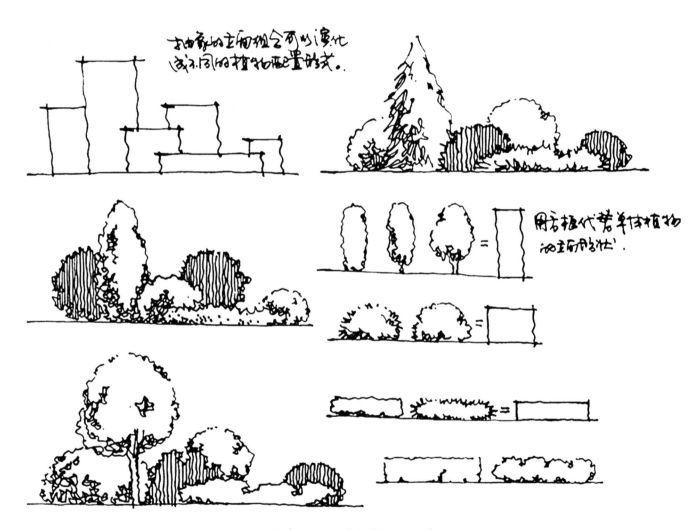

抽象的立面组合与植物配置形式

竖向设计中的空间层次表现

竖向设计空间层次比对分析   丰富的地形设计与表现

（1）立面图

景观立面图主要表达景观在垂直方向上的轮廓起伏和节奏，地形的起伏标高变化，设计所用树木的形状和大小，建筑物及户外公共设施和公共艺术品的高、宽、体量等。

道路的竖向表现

立面图可以根据需要，附上相关尺寸标注和材料名称规格，以补充设计表达的内容。

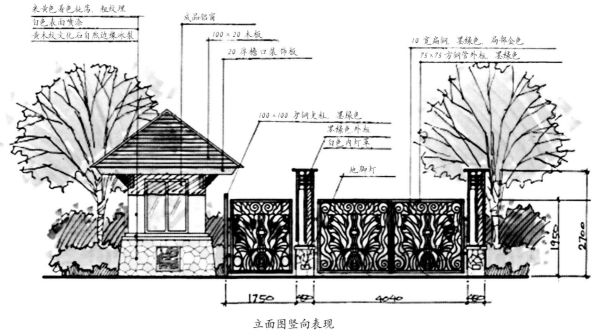

立面图竖向表现

景观立面图亦如
建筑立面图一样，可
根据实际需要选择多
个方向的立面图。

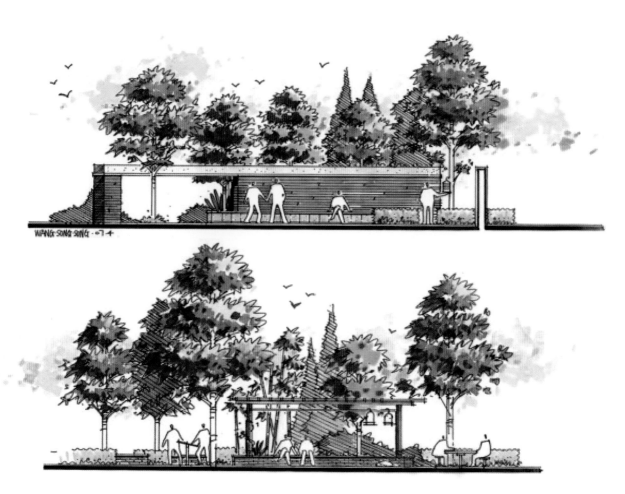

多个方向的立面表现某一景观效果

（2）剖面图

　　景观剖面图是指景观被一假想的铅垂面剖切后，沿剖切的方向投影所得到的视图，其中包括园林建筑和小品等的剖面。与立面图相比，剖面图更详细地表达了被剖切处的建筑内部结构、地表及以下的材料与构造。

景观剖面图表现（一）

景观剖面图表现（二）

在地形起伏大、景观地表材料构造复杂的时候竖向多选用剖面图。

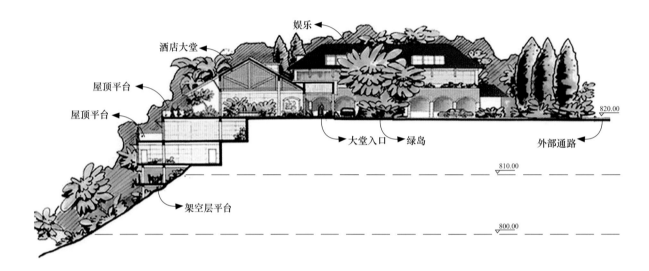

景观、建筑与地形的关系表现（一）

景观、建筑与地形的关系表现（二）

剖面图可以准确地看出剖切部位的景观组成，以及相互间横向、竖向的关系。

立（剖）面图设计与表现（一）

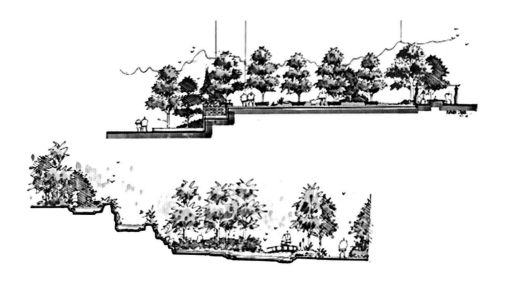

立（剖）面图设计与表现（二）

3. 效果图、鸟瞰图

效果图对景观设计方案决策起到重要的决定作用，也是判断设计师水准最直接的依据。

效果图表现优质作品（一）

　　效果图对于学生在今后设计创作的实践中，不断增强完善设计方案的能力具有十分重要的意义。

效果图表现优质作品（二）

效果图表现优质作品（三）

效果图表现优质作品（四）

效果图表现优质作品（五）

　　在鸟瞰图绘制的过程中，要注意画面的三点透视，控制整幅画面的明暗、冷暖、材质的变化，注意对植物的高度概括以及画面比例的处理。

鸟瞰图表现优质作品（一）

鸟瞰图表现优质作品（二）

鸟瞰图表现优质作品（三）

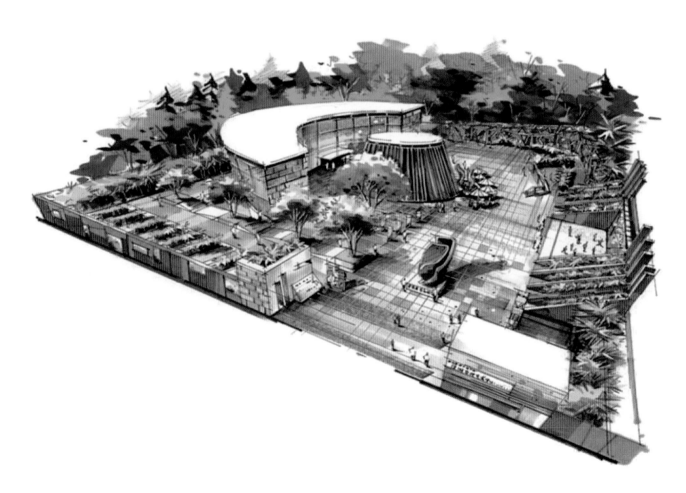

鸟瞰图表现优质作品（四）

4. 对应与转换

在绘画过程中，我们要掌握平面图、立（剖）面图及透视图之间的相互对应关系。

平面与透视线稿表现

平面与透视上色表现

对应平面与透视线稿表现

对应平面与透视上色表现

对应平面、线稿及上色表现

景观平、立（剖）是从不同的视角绘制的图：平面图是反映结构的长和宽，立面图相当于是平面图结构的效果图，剖面图是平面图的补充、反应竖向上的尺寸关系。细节构造需要我们用剖面图来看它的尺寸。

平面图、立（剖）面图与透视图的对应关系表现

通常景观剖面图剖切位置应在景观平面图中有明确标注，在剖切处的位置上沿正反两个剖视方向均可得到反映同一景观的剖面图。

除平立（剖）面表现图上的图各比例尺外，加上更详细的尺寸数字，节点名称、材料及构造做法等，使图面语言更加丰富，则称设计表达。

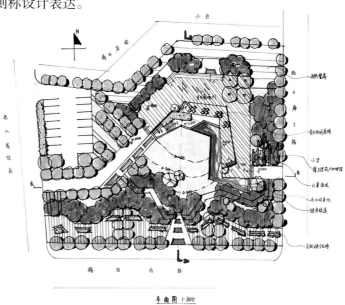

平面图 1:300

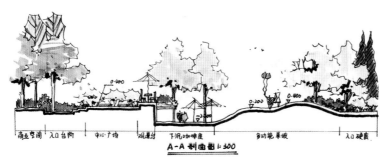

A-A 剖面图 1:300

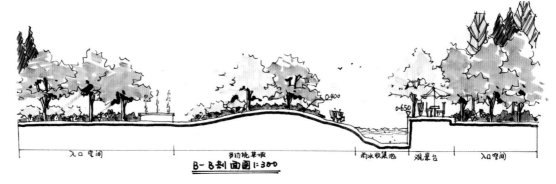

B-B 剖面图 1:300

景观平面与剖面图表现与表达

某景区局部平面图、立面图及透视图之间的相互对应关系。

平面和立面透视相对应与补充,共同表达设计方案。

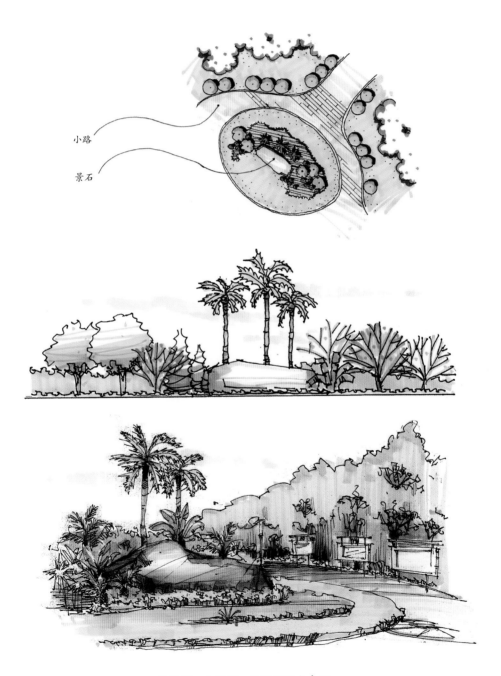

小路

景石

平面图、立面图、效果图综合表现

3.2　景观场景表达

景观场景也叫细部景观，或景观节点，反映设计方案内容及细节，是景观方案或快题设计的主要表达方式。本节主要进行入口景观表达法，广场景观表达法，水景表达法，还有道路与广场表达法几个内容的学习。

1. 入口表达

景观入口具有内外空间的衔接功能，以及车行和人行交通的通道功能。景观入口具有园区的导向作用，同时具有门面形象的象征视觉性作用。

入口景观设计表达中，应该抓住入口的主要特点，体现出入功能、导向功能，多采用一点透视表现出景深效果，构图或对称大气，或精巧别致，色彩上明快醒目。

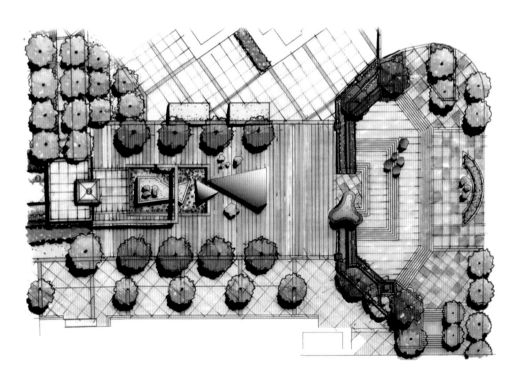

入口景观平面效果表达

入口景观立面效果表达

入口景观透视效果表达

2. 广场表达

广场一般处于景观轴线上的重要节点位置，具有开阔的场地空间和精致的铺装，广场设计最能够体现设计主题，是景观设计与表达的主要内容。设计表达中，要抓住广场主题特点，色彩要明快醒目，体现空间感和重要节点功能。

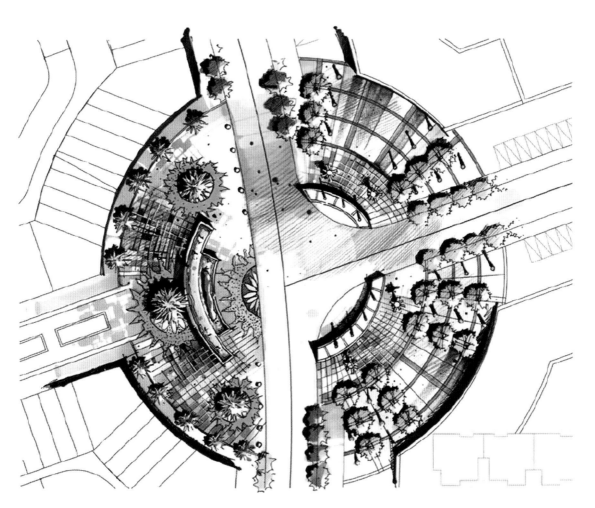

广场景观节点流线与铺装表现

休闲广场景观空间、场地铺装与气氛表现

为体现广场的整体大气，多采用鸟瞰图来表达。

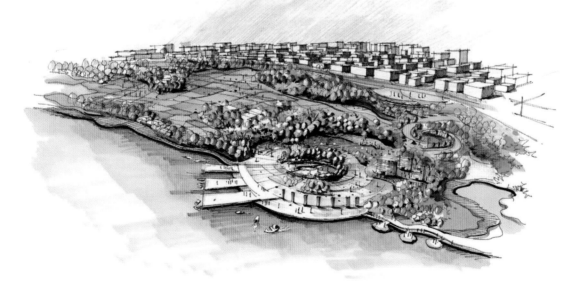

广场景观的鸟瞰图表现（一）

广场景观的鸟瞰图表现（二）

　　对面积较小的广场，则用景观节点的表达方式画节点效果图。效果图综合表现了广场景观节点的视觉导向功能、视觉焦点功能、流线组织功能和地面铺装效果。

广场景观节点效果图表现

3. 水景表达

　　水景作为景观重要组成部分，设计师习惯于为景观植物增添一分活水，增添一分生机，更有画龙点睛的作用。在景观设计表达时要突出水的"活"，有水的地方才有美丽的风景。

水面

户外咖啡座

0　1　2　　　　5m

剖面图中水面的高度与岸边的关系表现

效果图中水作为配景的表现（一）

效果图中水作为配景的表现（二）

滨水景观效果表现（一）

滨水景观效果表现（二）

利用高差形成水阶的水景观表现

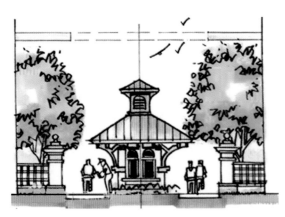

景观道路的立面表现

4. 道路与节点表达

道路与节点是交通流线的关键内容，基于流线的通畅性要求，表达时注意彼此的衔接关系。

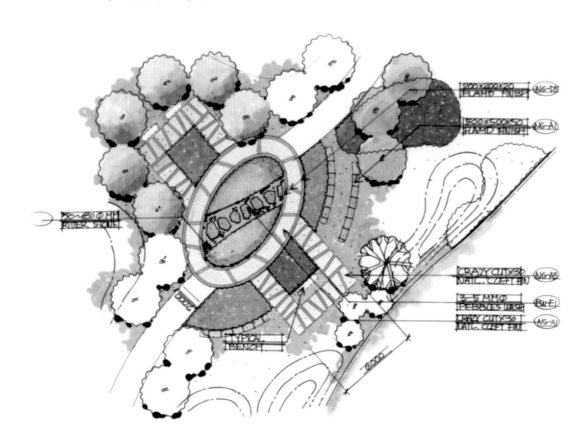

景观道路及流线的平面表现

景观道路透视表现

　　道路的设计表达，好的构图也可以从视觉上形成不错的节点；而对于道路节点，要突出交通纽带节点的特色和功能，弱化道路周围的景观。

园林道路的流线功能、景观功能表现

第 4 章

细部景观设计表达

4.1 种植设计表达

种植设计分为孤植、对植、行列栽植、丛植、林带、林植、绿篱及绿墙。

种植设计表达是按植物生态习性和园林规划设计的要求，合理配置各种植物，以发挥它们的园林功能和观赏特性的设计活动。

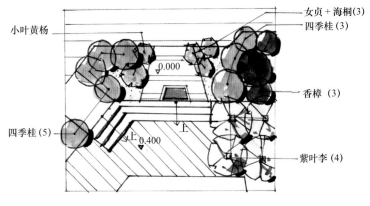

女贞＋海桐(3)
四季桂 (3)
小叶黄杨
0.000
香樟 （3）
四季桂(5)
上
上
0.400
紫叶李 (4)

植物设计意向表达

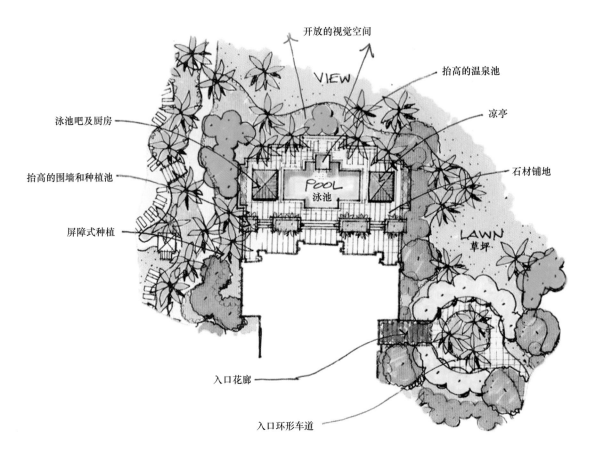

开放的视觉空间

VIEW

抬高的温泉池

泳池吧及厨房

凉亭

抬高的围墙和种植池

POOL
泳池

石材铺地

屏障式种植

LAWN
草坪

入口花廊

入口环形车道

景观环境中植物设计及表达

1. 植物季相表达

园林植物随季节的变化表现出不同的季相特征，创造四季演变的时序景观。根据植物的季相变化，把具有不同季相的植物进行搭配种植，使同一地点在不同时期具有不同的景观变化效果。

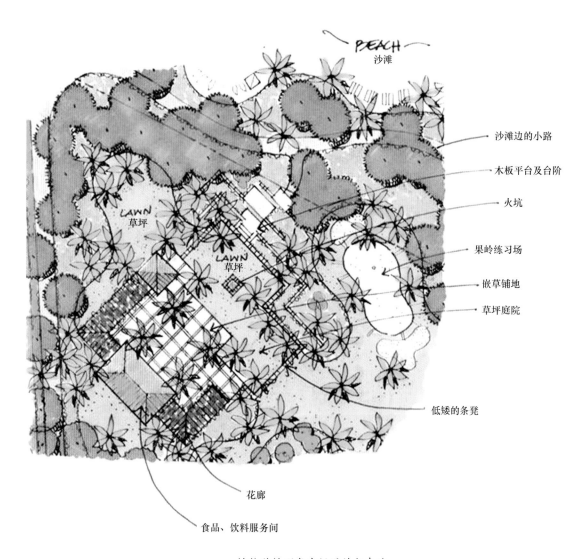

植物种植形成空间设计与表达

2. 植物空间表达

园林植物能够强化与弱化地形空间，地形的高低起伏可使空间气氛发生变化。景观营造中常应用这种功能，高处种树形成突兀空间，低凹处种树形成平缓地形空间。选用树冠茂密的乔木，顶面的封闭感越强；用分枝点高的乔木，则围合感也越强。分枝点低的乔木，形成立面上的围合。

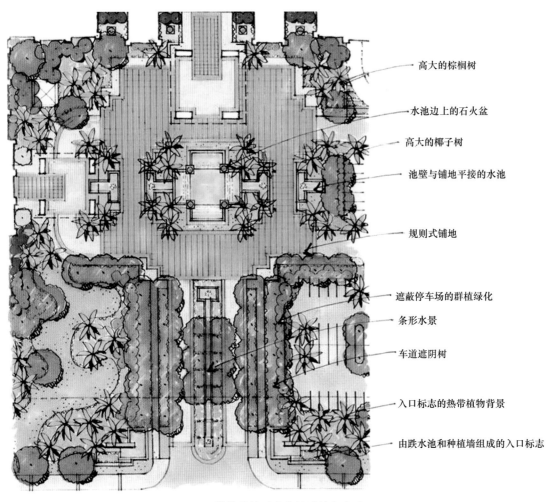

高大的棕榈树

水池边上的石火盆

高大的椰子树

池壁与铺地平接的水池

规则式铺地

遮蔽停车场的群植绿化

条形水景

车道遮阴树

入口标志的热带植物背景

由跌水池和种植墙组成的入口标志

植物种植形成空间设计与表达

4.2　水景设计表达

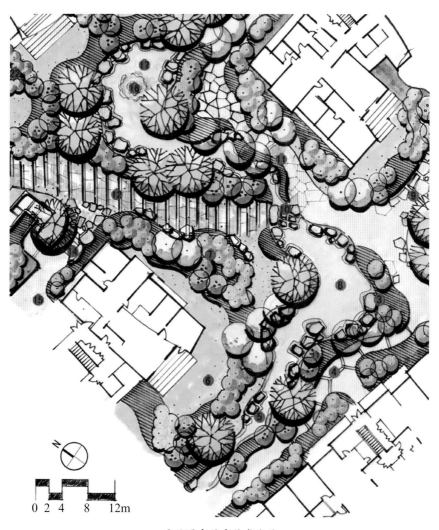

1. 平面形式

水的平面形式分为自然式水体、规则式水体和混合式水体。

自然式水体：具有自然形态，其轮廓形状随地形而变化。

平面图中的自然式水体

　　规则式水体：平面多为几何形，具有
周边整齐，形体均匀的特征，多为中轴对
称之形。

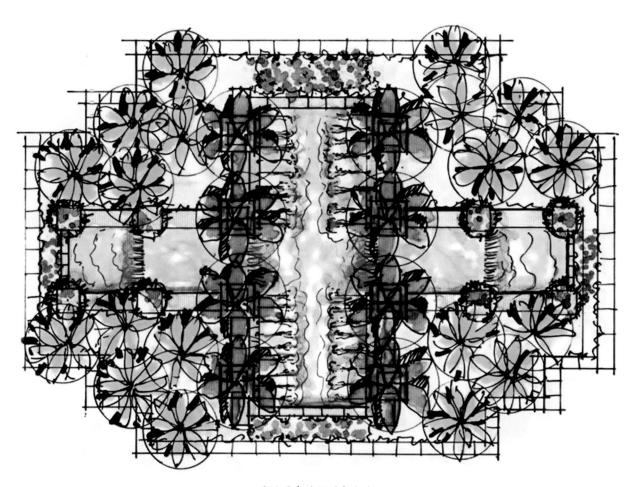

平面图中的规则式水体

　　混合式水体：是前两者的结合，选用规则式的岸形，局部用自然式水体打破人工的线条。

平面图中的混合式水体

2. 水体状态

　　园林水体按照水的状态可以分为静态水体和动态水体两种。动态水景如瀑布、喷泉、流水；静态水景如湖面、池塘等。

　　静态水景： 静态水景是指水体不流动，或相对流动缓慢，水面相对平静。包括湖泊、池沼、潭、塘和井，具有宁静、平和以及舒缓的特征。

运用地表起伏形成水的动态的设计与表达（一）

　　动态水景： 动态水景是水体在受高低落差或压力作用下，产生流动、跌落、喷出的运动状态。常见于河流、溪水、瀑布、喷泉中。

| 入口空间 | 多功能草坡 | 雨水收集池 | 观景台 |

运用地表起伏形成水的动态的设计与表达（二）

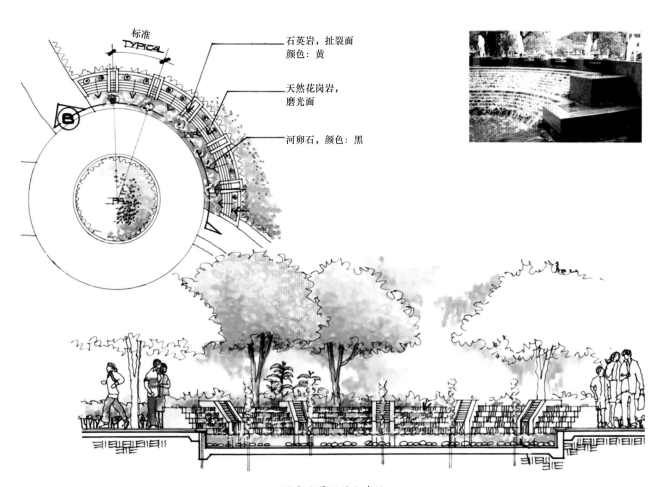

标准
TYPICAL

石英岩，扯裂面
颜色：黄

天然花岗岩，
磨光面

河卵石，颜色：黑

动态水景设计与表达

　　流动水体：是水体由于地势、地形高低落差，水体产生一定的势能，水体沿地表斜面流动，其动态效果根据地势、地形水量的变化而变化，如河流、小溪。

　　跌落水体：是水体从高地势垂直流落下来形成的水体景观。自然界中多以瀑布形式存在。

　　喷出水体：是因受到压力而喷出，形成各种各样的喷泉、涌泉、喷雾效果。

跌落水体设计与表达

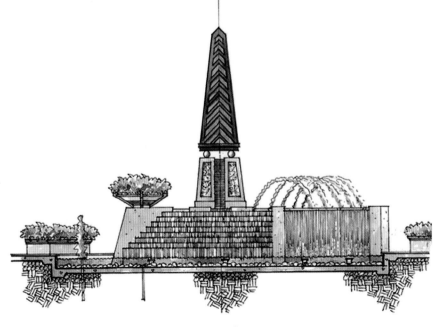

喷出水体设计与表达（一）

喷出水体设计与表达（二）

喷出水体设计与表达（三）

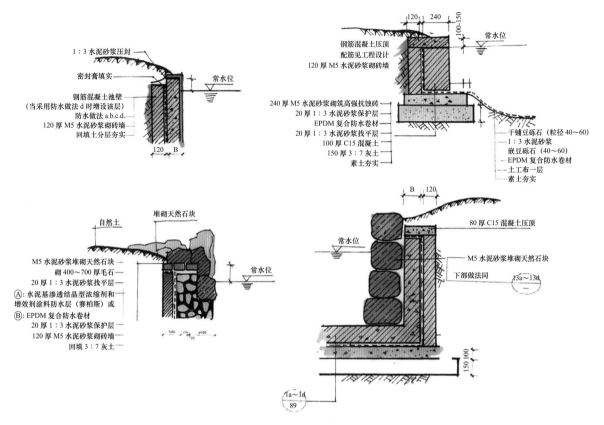

1：3 水泥砂浆压封

密封膏填实

钢筋混凝土池壁
（当采用防水做法 d 时增设该层）
防水做法 a.b.c.d.
120 厚 M5 水泥砂浆砌砖墙
回填土分层夯实

常水位

120 B

钢筋混凝土压顶
配筋见工程设计
120 厚 M5 水泥砂浆砌砖墙

240 厚 M5 水泥砂浆砌筑高强抗蚀砖
20 厚 1：3 水泥砂浆保护层
EPDM 复合防水卷材
20 厚 1：3 水泥砂浆找平层
100 厚 C15 混凝土
150 厚 3：7 灰土
素土夯实

120 240
100-150
常水位

干铺豆砾石（粒径 40～60）
1：3 水泥砂浆
嵌豆砾石（40～60）
EPDM 复合防水卷材
土工布一层
素土夯实

自然土   堆砌天然石块

常水位

M5 水泥砂浆堆砌天然石块
砌 400～700 厚毛石
20 厚 1：3 水泥砂浆找平层
Ⓐ水泥基渗结晶型浓缩剂和
增效剂涂料防水层（赛柏斯）或
Ⓑ EPDM 复合防水卷材
20 厚 1：3 水泥砂浆保护层
120 厚 M5 水泥砂浆砌砖墙
回填 3：7 灰土

500 75 400
50

B 120

80 厚 C15 混凝土压顶
常水位
M5 水泥砂浆堆砌天然石块
下部做法同
13a～13d
150 100

1a～1d
89

叠石块驳岸构造（一）

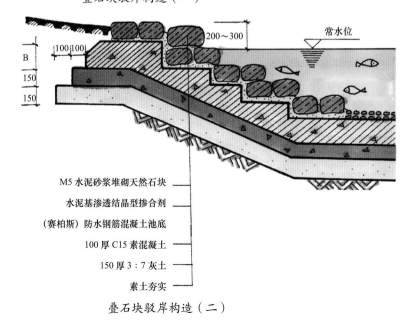

100 100
B
150
150
200～300
常水位

M5 水泥砂浆堆砌天然石块
水泥基渗透结晶型掺合剂
（赛柏斯）防水钢筋混凝土池底
100 厚 C15 素混凝土
150 厚 3：7 灰土
素土夯实

叠石块驳岸构造（二）

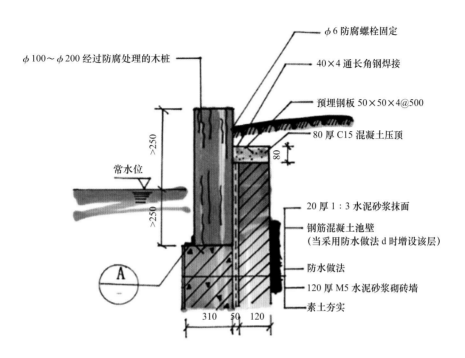

φ100～φ200 经过防腐处理的木桩

φ6 防腐螺栓固定

40×4 通长角钢焊接

预埋钢板 50×50×4@500

80 厚 C15 混凝土压顶

20 厚 1：3 水泥砂浆抹面

钢筋混凝土池壁
（当采用防水做法 d 时增设该层）

防水做法

120 厚 M5 水泥砂浆砌砖墙

素土夯实

常水位

>250

>250

80

A

310　50　120

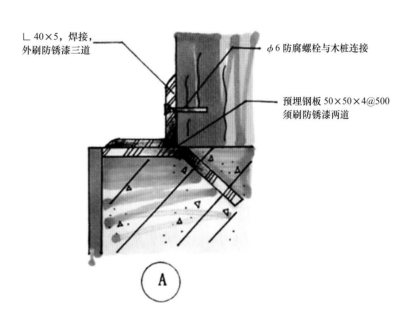

∟40×5，焊接，
外刷防锈漆三道

φ6 防腐螺栓与木桩连接

预埋钢板 50×50×4@500
须刷防锈漆两道

A

混凝土及叠石块驳岸构造

4.3　道路、铺装表达

1. 园路分类

园路按级别分主路、次路和游园路。根据园区自然环境条件和功能需要，综合考虑、统一规划。

主要园路两边应绿化，形成两侧树木交冠的庇荫效果，路面结构采用沥青混凝土、黑色碎石，或水泥混凝土、预制混凝土等整铺。

园林平面图中的园路级别

次要园路、游步道、游憩小路、小径等，这种自由曲折布置的小路，联系着各个景点，引导游人深入各个角落，次要园路自然曲度大于主要园路，路两侧的植物或封闭或开敞，营造出各种不同形式的功能空间。

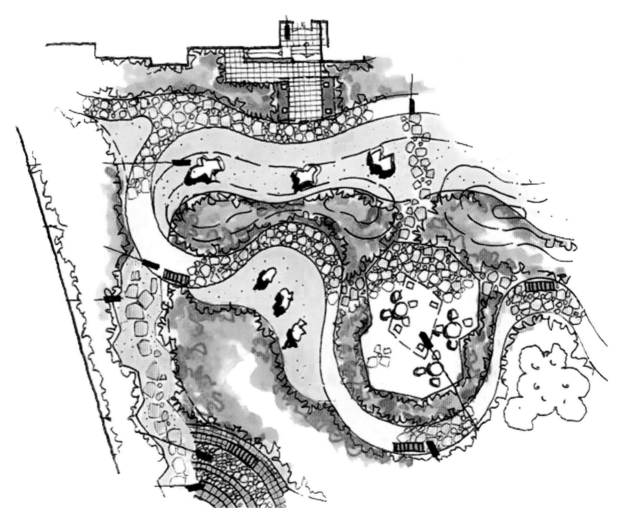

道路流线与地面铺装

次要园路的道路与场地铺装的材料多选用简洁、粗犷、质朴的自然材料。

石材：花岗石、板岩、砂岩、石英石、大理石等。

卵石：鹅卵石、雨花石、豆石等。

砖：烧结砖、透水砖、混凝土砖、陶土砖、植草砖。

陶瓷砖：广场砖、地砖。

特殊材质：玻璃、马赛克、青铜、熟铁、木屑、橡胶安全垫。

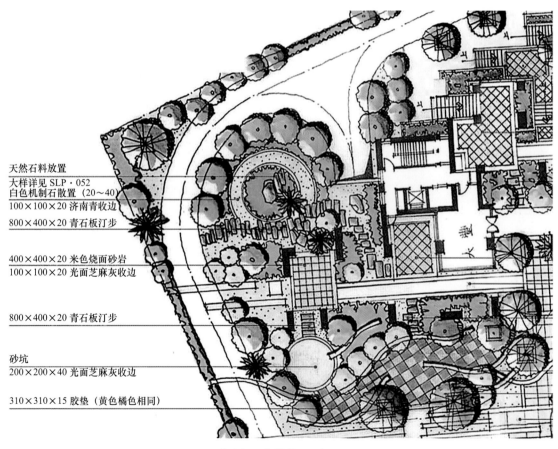

道路与铺装材料及规格

2. 道路铺装

道路与场地铺装表现时，注意块料的大小、形状，要与环境、空间相协调。

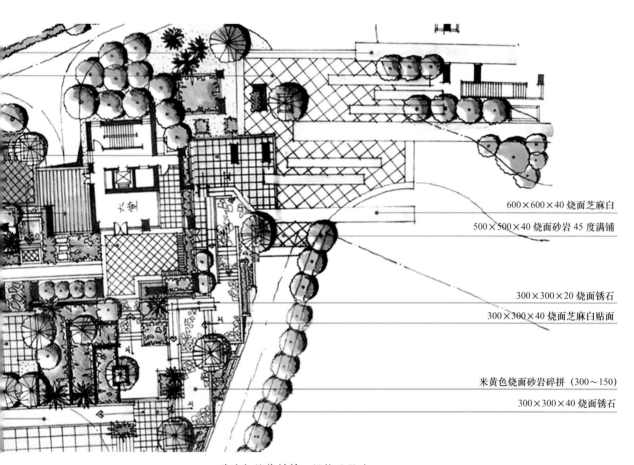

600×600×40 烧面芝麻白

500×500×40 烧面砂岩 45 度满铺

300×300×20 烧面锈石

300×300×40 烧面芝麻白贴面

米黄色烧面砂岩碎拼（300～150）

300×300×40 烧面锈石

道路与铺装材料、规格及做法

游园区道路与铺装效果表现

广场景观道路与铺装效果表现

道路与场地铺装表现时，材料选用要适于自由曲折的线型铺砌，色彩、质感、形状等对比要强烈。

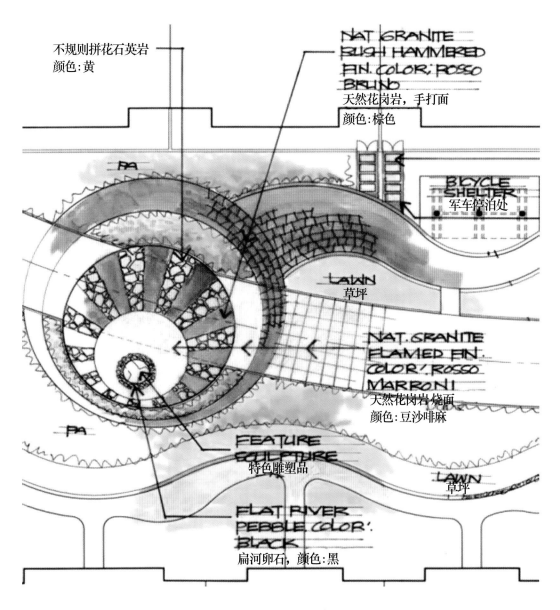

道路铺装的形式、风格与特点（一）

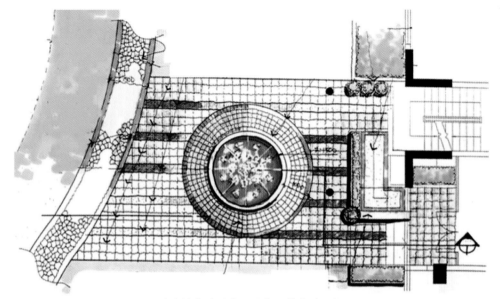

道路铺装的形式、风格及特点（二）

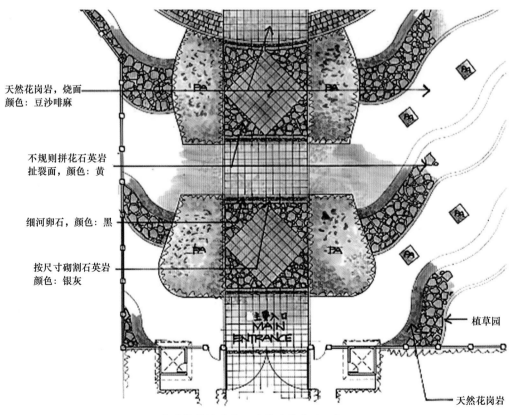

天然花岗岩，烧面
颜色：豆沙啡麻

不规则拼花石英岩
扯裂面，颜色：黄

细河卵石，颜色：黑

按尺寸砌割石英岩
颜色：银灰

植草园

天然花岗岩

道路铺装的形式、风格及特点（三）

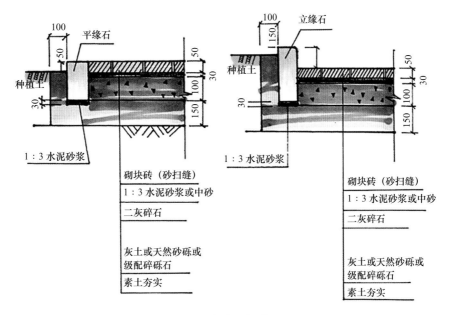

砌块砖路面构造

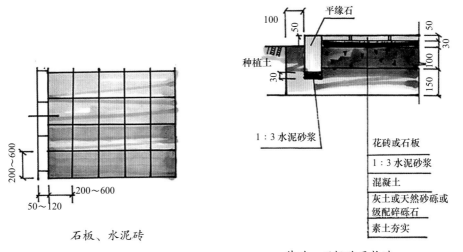

石板、水泥砖

花砖、石板路面构造

花砖、石板路面构造

4.4 园墙、景墙表达

园林景墙中围墙、隔断、景观墙等，起划分内外范围、分隔内部空间和遮挡劣景的作用。根据材料使用的不同，分别有砖墙、混凝土围墙、金属围墙以及竹木围墙等。

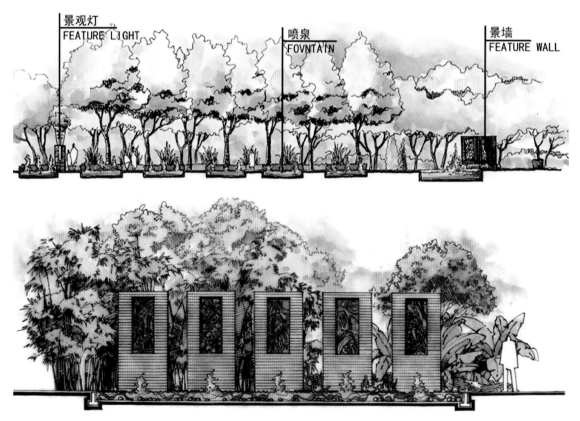

园林景墙设计与表达

1. 混凝土墙

一种是以预制花格砖砌墙，花型富有变化但易爬越，另外则由混凝土预制而成。

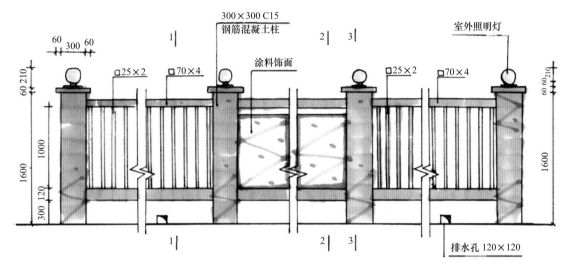

混凝土围墙构造

混凝土景墙设计与表达

2. 砌体和金属墙

以型钢为主材的表面光洁，性韧易弯不易折断。

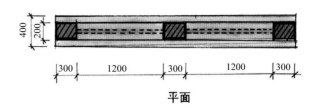

平面

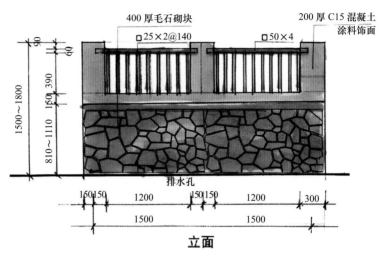

400 厚毛石砌块
□25×2@140
200 厚 C15 混凝土
涂料饰面
□50×4
排水孔

立面

石料铁栅围墙构造

金属景墙设计与表达

3. 竹木墙

竹篱笆是过去最常见的围墙，一排竹子加以编织，成为"活"的围墙（篱），是符合生态学要求的墙垣。

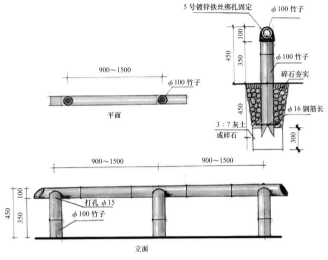

竹竿围栏构造

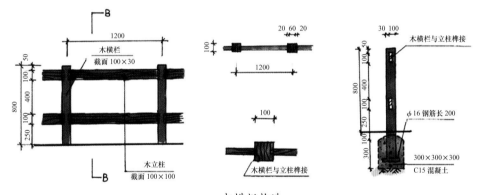

木横栏构造

竹木景墙设计与表达

4.5 景观设施表达

1. 树池

当在有铺装的地面上栽种树木时，应在树木的周围保留一块没有铺装的土地，以供树木根部的水分及营养。

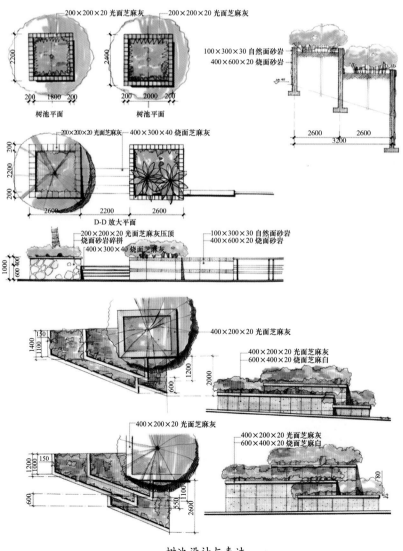

树池设计与表达

2. 景廊

　　有覆盖的通道称廊。廊的特点狭长而通畅、弯曲而空透，用来连接景区和景点，它是一种既"引"且"观"的建筑，廊的宽度和高度设定按人的尺度比例关系加以控制。

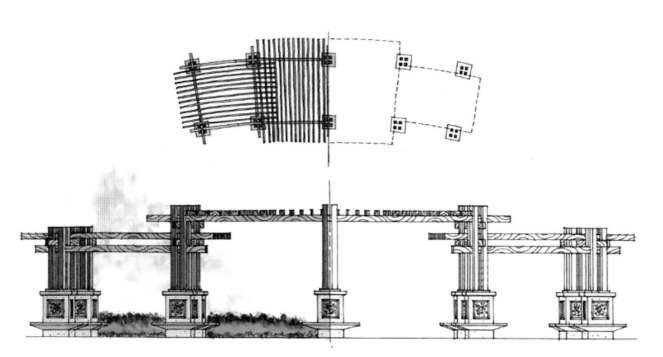

景廊的平面与立面设计与表达

3. 棚架

用刚性材料构成一定形状的格架供攀缘植物攀附的园林设施，又称棚架。

园林棚架景观

园林棚架景观的大样及构造

4. 景亭

　　景亭是园林中最常见的建筑物，主要供人休息观景，兼做景点。

　　按平面的形状分，常见的有三角亭、方亭、圆亭、矩形亭和八角亭；按屋顶的形式有攒尖亭和歇山亭；按所处位置有桥亭、路亭、景亭和景廊。

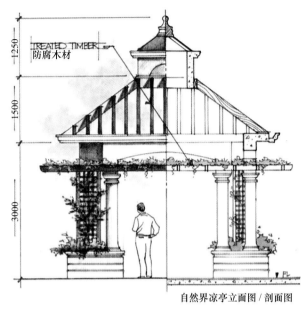

自然界凉亭立面图 / 剖面图

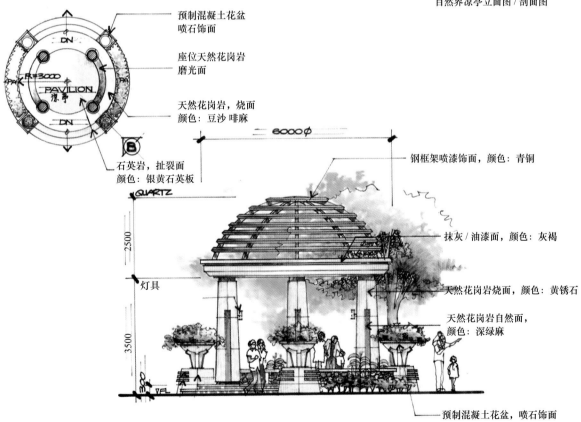

钢框架景观亭立面及预制混凝土花盆平面

5. 景桥

桥是跨越河流、峡谷或其他交通线路时的建筑物。

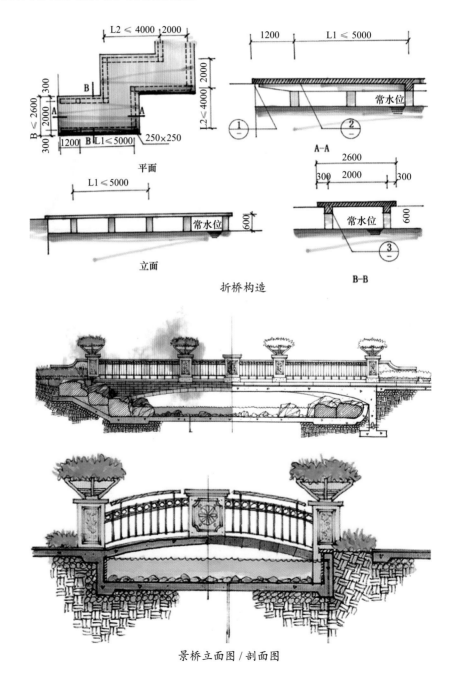

平面

立面

折桥构造

A—A

B—B

景桥立面图 / 剖面图

　　阁——登高观景，有两层以上的屋顶，形体比楼更空透，可以四面观景。

　　舫——水边或水中的船形建筑。

　　栏杆——由立柱或栏杆柱、扶手及横挡及底座组成。

　　榭——在水面和花畔建造，小巧玲珑、精致开敞。

登高观景的景观阁

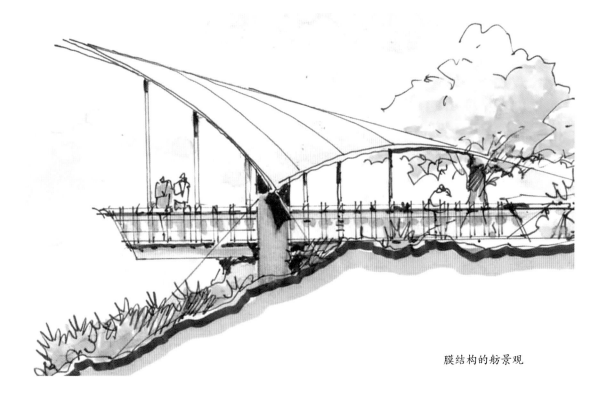

膜结构的舫景观

园林中的栏杆、景墙、花池、灯柱等景观设施

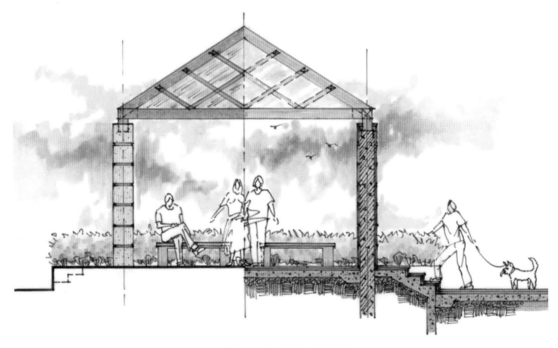

自然界凉亭立面图 / 剖面图

第 5 章

景观快题表达

5.1　分析表达

1. 分析符号

（1）点

　　点为景观平面形态的最小单位，有位置，还有具体的形态，如圆形、三角形、方形、多边形等，不仅有大小、平面与立体之分，还有色彩和质地的区别。

　　景观中的点，可以是具体的景观元素，如造景元素：树，无论是孤植还是群植、片植都可以视为一个点；景观中的置石、雕塑、花坛和建筑等在一定条件下，都可以看成是一个点。

将景观元素看成各种形态的"点"符号

（2）线

线是有无数点按线性排列的结果，具有方向性，分析图中可用来表达道路方向、视线方向。

不同的线性要素具有不同的个性，如直线强劲有力、大方，平行线安定、柔和，斜线充满变换、活泼，曲线优雅、丰富。

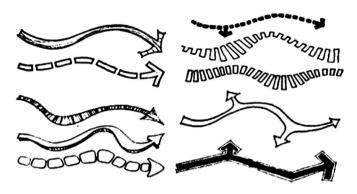

将道路方向、景观视线等看成"线"符号

（3）面

面是用线条围合而成的视觉空间，是点按矩阵排列的结果，是景观中重要的造型要素。面是一种封闭的形态，由平面形态来确定，总有一定的限度和边界。

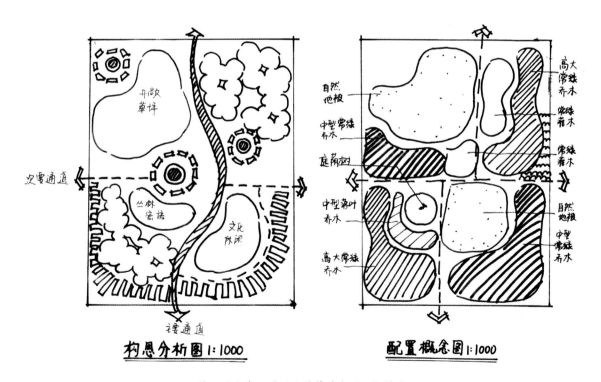

将位置分布、范围边界等看成"面"符号

2. 分析图

分析图要标明图名和比例，分析图一般有功能分区图、交通流线分析图和景观结构分析图等。

（1）功能分区分析图

常见的功能分区有：入口景观、中心景区、儿童活动区、老年人活动区、安静休息区、观赏游览区、文化游览区、文化体验区和园务管理区。

功能分区分析图要求能够体现各功能区的位置及相互间的空间关系。其形态根据表达的需要可以是方形、圆形或者不规则形状，每个区域用不同的颜色加以区分，线框通常为具有一定宽度的实线或虚线。

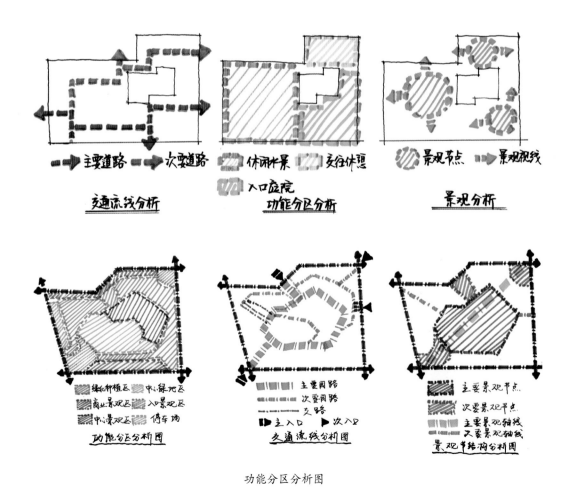

功能分区分析图

（2）交通流线分析图

由"箭头 + 道路流线"组成，用不同颜色或线性区分出一级道路和二级道路等，箭头标注出入口的位置，通常是点画线或虚线，道路等级越高，线条越粗。

（3）景观结构分析图

由"入口 + 轴线 + 节点"组成，入口由箭头标注，虚线或点画线标示出景观轴线，景观轴线上连接主要节点，设计中有次要节点的标记次要节点。

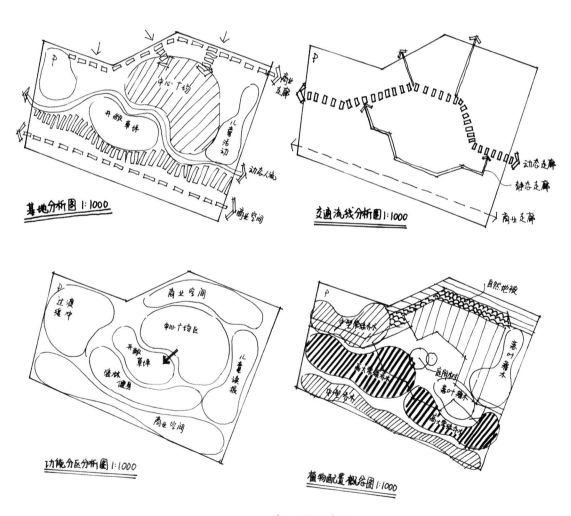

景观结构分析图

5.2 设计表达

1. 园林景观设计

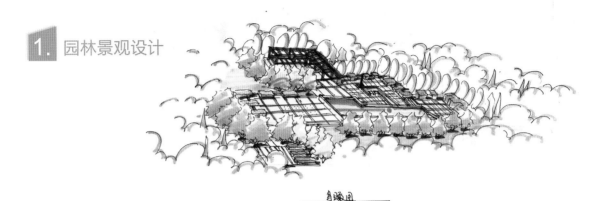

月曝园

设计点评

这个作业练习，表现风格独特，画面整体大方。部分文字解说与数据标注，画面语言丰富。

地形丰富所带来的空间也是多样丰富的，基地起伏有致，合理利用自然的微地形围合规则的水。

地块面积不大，通过方案设计使中心区空间感开阔、巧妙扩大了场地的面积感。

铺装设计不同材质的表达比较有特点。但是在铺装材料的规格与形式、铺装与植物衔接方面，考虑不够深入。

对于主要边界及范围，如场地边界处理应强化线条，加强对比与区分。

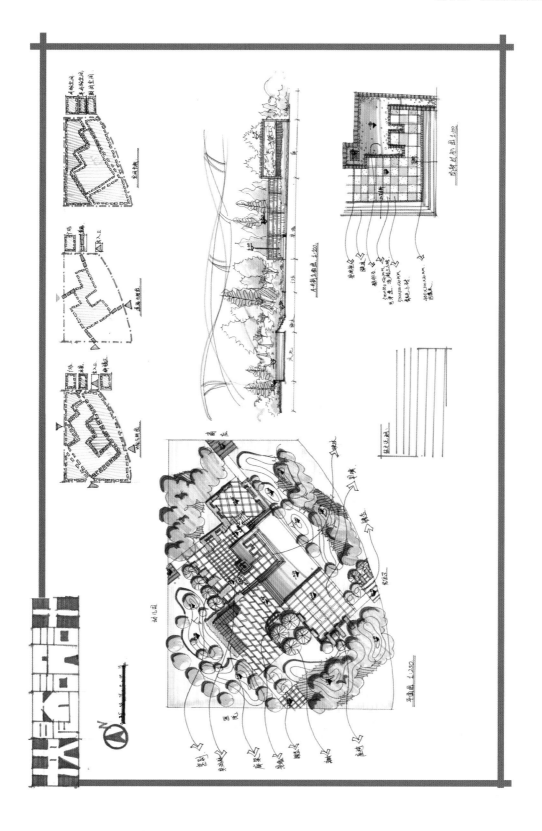

设计说明：该设计为大学校园庭院设计，本着"以人为本"的思想，力求功能与观赏上的统一，设计有着日式庭园的风格，枯山水的设计寓意着宁静而致远，在学习中寻找一份宁静的环境。

设计中强调三块庭园在功能上的联系与呼应，相同元素的重复，给人以最大限度的享受与利用，同时为建筑增加色彩与亮点。

设计点评

图面内容丰富翔实，充分考虑基地条件，对场地的地形地貌进行保留，设计符合生态性，同时满足功能性。道路流线设计整体把握，兼顾局部。设计表达方面，构图饱满布局合理，整体感强，色彩清新。

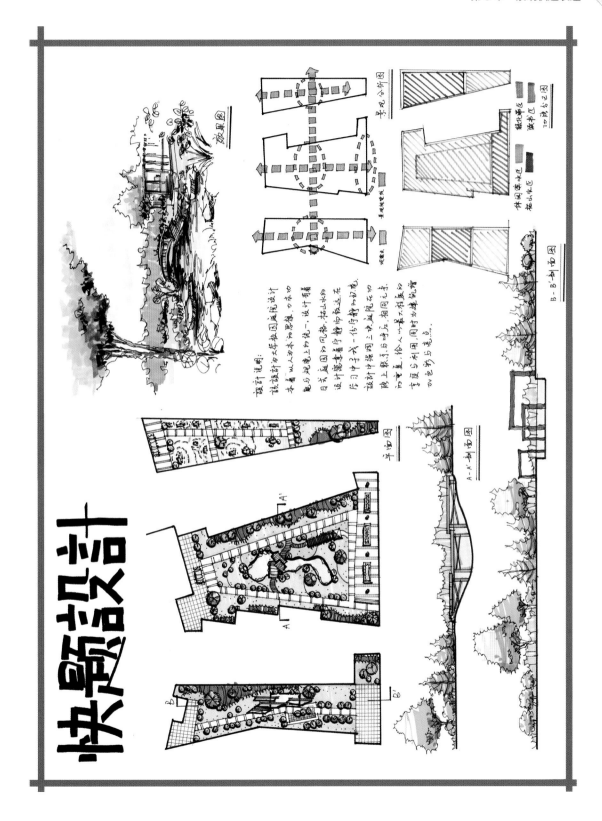

设计说明：通过对场地环境、周边条件的分析，采用几何形式的构图，结合各种限制性要求，将场面设计成为一个适合当地住户需求的设计。主题景观是场地中央的开放式广场。

采用古典园林中的置石手法；整个场地竖向设计结合原有地形的改造，使之有利于场地的排水。植物材料以多种乔灌木为主，结合华东地区的自然条件选用适合本地气候的品种，使居民可在此享受美好的生活环境。

设计点评

本快题属于住宅绿化方案，切题深入，整体大气不局促。

设计方案的竖向图、透视图及鸟瞰图表达手法统一，设计元素表现手法运用较好，良好地表达出空间层次感。

在细节上，中心区户外木铺装没有考虑建筑阴影的影响。硬质铺装形式略显杂乱，主要景观节点不够突出。

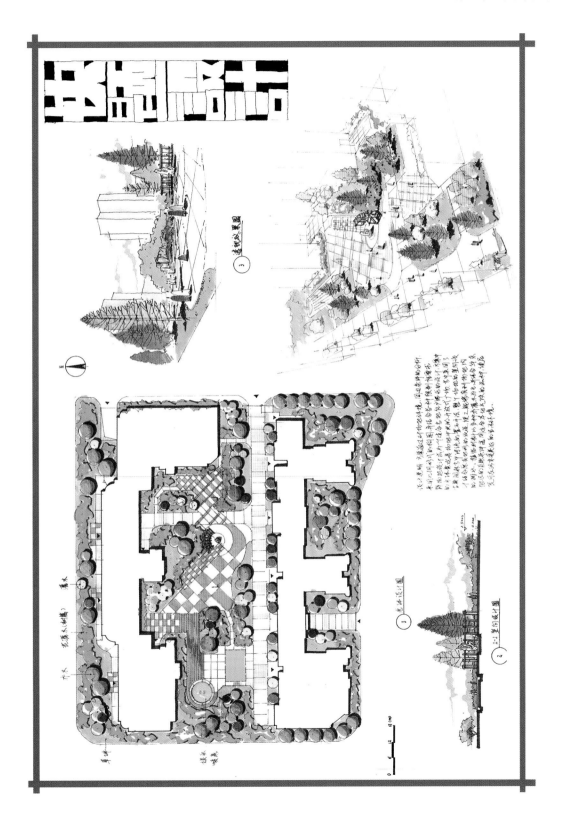

设计说明：本设计为某一校园一小地块的广场景观设计，设计以"和谐"为主题，连接多种空间，营造出绿色生态的校园文化广场，为广大师生提供舒适的校园环境。

中心广场为碎拼方形广场，中心为校园文化雕塑作为中心灵魂奠定基调，南部有相对静谧的休闲临水木平台，周围有景墙配以色彩丰富的花卉。硬质景观以方形拼接叠合为元素加之丰富的软质景观。方与圆的结合，体现和谐自然进取的校园文化精神。

设计点评

轴线关系明确，内容丰富，路网结构清晰，主次分明，很全面地考虑到了游人的各种需求，整个空间看起来繁而不乱。

分析图清晰明了。表现手法上用笔熟练大气。剖面图应选取设计内容更加丰富的位置。

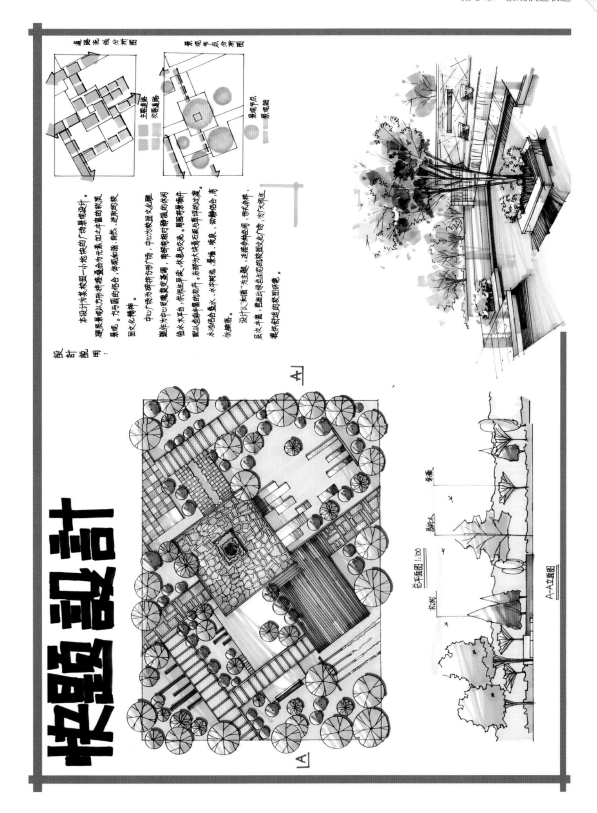

快题设计

设计说明：

本设计为某校园一小块快题的广场景观设计。硬质系列以方形矩阵叠合为元素加之丰富的软质景观，方与圆的结合，体现和谐、自然、进取的校园文化精神。

中心广场为环绕抬升的广场，中心为校区文化碑、塑体为中心灵魂变更主题，供休息与交流。周围有相对静谧的休息木平台，配以色彩丰富的花卉，亦部分大块硬石板与草坪的过度。水池结合叠水、水中栽花，景亭、景桥、水榭结合，而休闲逸。

设计以"和谐"为主题，连座外和校园，形水岁样，层次丰富，亲密以绿色生态的形态的文化场，加以大师生提供和谐适宜的校园环境。

道路流线分析图　　景观节点分析图

主题道路　　次要道路

景观节点　　景观轴

总平面图 1:100

A—A立面图

A

2. 景观规划设计

效果图

效果图

设计点评

　　整体布局较完善，景观节点丰富，功能齐全。道路体系过于完善而显得有些混乱，与节点的衔接也不够自然。中心节点十分突出，细节表达很深入，但忽视了尺度因素。各个入口设计单调统一没有变化。

　　基地内都是开敞与半开敞空间，缺少私密空间的设计。剖立面图内容丰富但缺少微地形的表现。

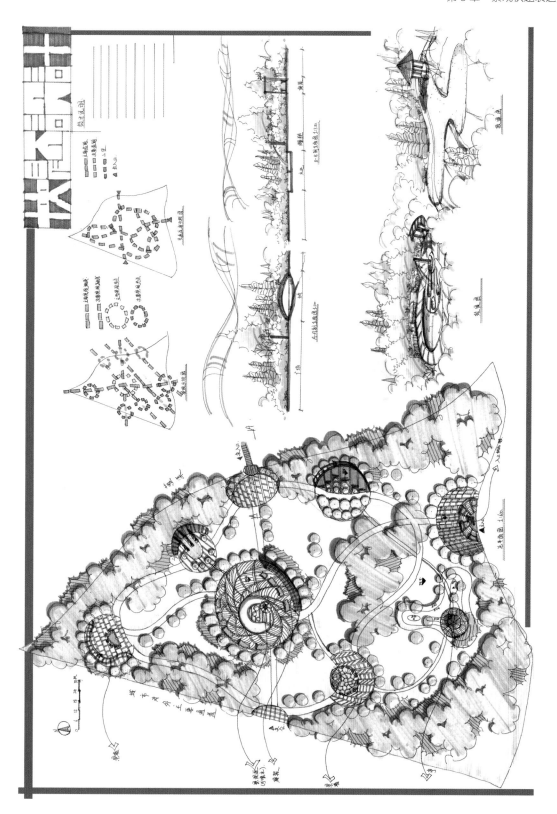

设计说明： 本设计为校园户外生活空间设计，北面和东面均为学生宿舍，西边为办公楼，南边为综合楼与教学楼。考虑西面和南面邻近主干道，以开敞的广场连接内外，保留场地中三棵朴榆，并设置水池作为主景观。依据以人为本的设计理念，设置有大草坪供师生休闲娱乐，场地内设置环路和多个出入口，交通便利，营造一个开放而又不失私密场所的多功能的户外休闲场地。

设计点评

此方案以在地块中心区设置水池，与景观中心遥相呼应，提升设计方案质量。

地块本身面积并不大，但是内容却很丰富，各个空间都有分布，大块草坪的设计也十分符合校园师生的需求。

对于主轴线，其通透性十分强，这样有利于增加场地的空间感。不足之处就是道路与广场的衔接有些生硬，东北部入口设计过于简单。

快题设计

設計說明:
本设计为校园产生活空间设计, 北面和西面均为学生宿舍, 西边为办公楼, 南边为研究楼与教学楼. 东是西面和南面分临主道, 以开放的广场连接内外, 保留场地上三棵桃榆, 并设置水池作为主景观. 依据以人为本的设计理念, 设置前大草坪供师生休闲娱乐. 场地内设置好路和3个出入口, 通道便利. 营造一个开放而又不失本设而所的多功能户外休闲场地.

总平面图1:400

功能分区图

景观结构图

效果图

A-A' 剖面图1:400

入口广场效果图

设计点评

作者以水为主题，充分利用滨水这一优势，布置了两处较大的滨水景观，形成轴线，相互呼应，主要轴线的设计使整个场地显得规整大气。

在兼顾整体的基础上，深入细部景观的刻画。三个剖面图使设计内容得以充分表现。营造出几处丰富、别致的休闲活动场所，提升了方案设计质量。

方案将基地西侧大部分面积作为停车场，功能上对通往建筑要求较长距离的步行，设计有些不妥。立面图上应略加强化微地形。

此外，对于主要景观节点的设计在平面表达上不够细致深入。

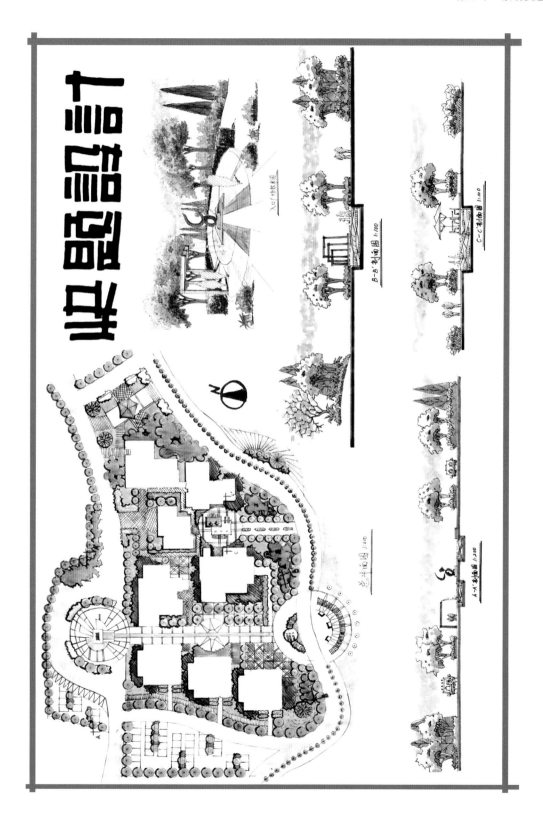

3. 建筑景观设计

设计说明： 本次城市中心商务区城市设计打破思维模式，在滨水地带设计专门供休憩游览的滨水公园，为城市打造特色的公共性开放空间。商务区及文化中心的设计，充分考虑到使用者的属性及需求。采用点、线、面结合的方式，设计中视线的通廊通过建筑的排列，休憩广场及休闲空间打造出来，很适合内部商业氛围与绿色空间的互相穿插。

设计点评

该方案功能划分合理、道路系统明确，商业气氛浓厚，较好地打造了城市公共开放空间。

方案充分考虑了场地周围现状，将商业住宅、滨水环境通过中间的绿地联系起来。

鸟瞰图绘制生动形象、空间层次丰富，选择了一个特别好的角度来展示空间环开敞的绿地景观弱化了高密度建筑的拥堵感。

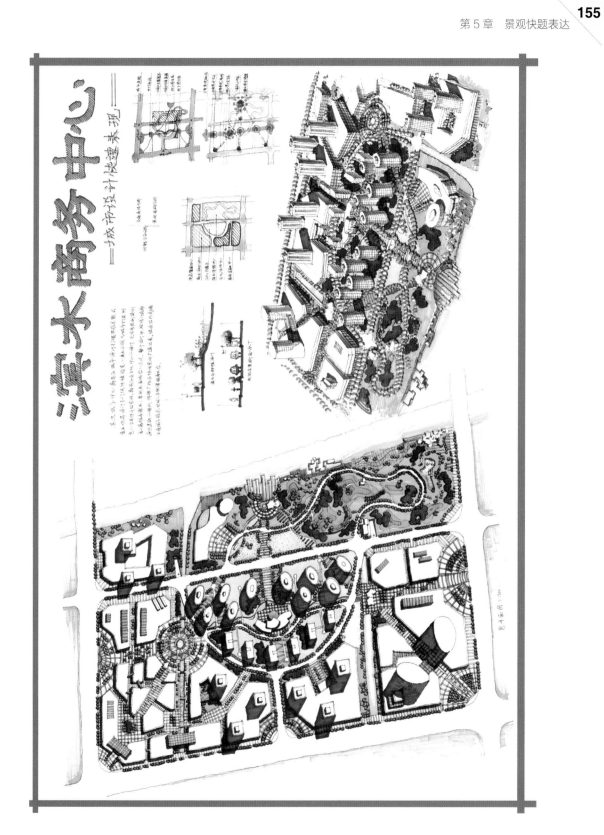

设计说明：基地为一政府大楼前的水景公园，建筑前地块相对开敞，有一定的硬质铺装，设计运用植物造景体现自然生态，景观结构上运用虚轴和实轴的处理方法，形成良好的交通和景观视线。自然式和规则式构图相结合，设计开敞的大草坪，利用乡土树种进行栽植，水面上景点形成对景，在安静休息区进行了私密空间的营造。

设计点评

此方案分区合理，轴线清晰，自然式与规则式结合运用效果好。

分析图表达丰富，节点放大平面图表达到位，植物设计生动，空间类型丰富多彩。

剖立面图地形设计略显机械呆板，鸟瞰图的空间层次上也有所欠缺。

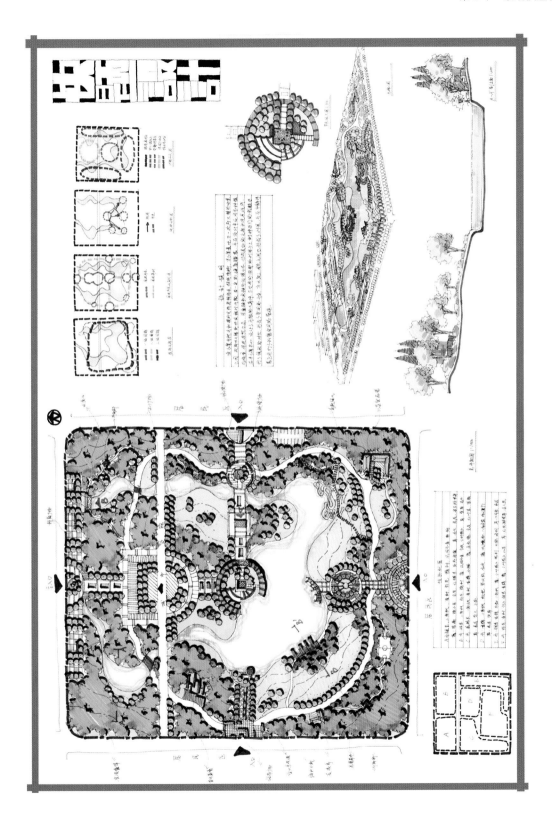

设计说明：此方案以四季园林风景为主要理念，展现不同时节的景观特色，全园将场地分为由五个功能区组成的景观。

其中四周的入口分别以"春""夏""秋""冬"命名，中心的主要广场则以四周的景观为背景，共同组成了一个在多方面满足周围居民休闲、娱乐等要求的开放绿地空间。

设计点评

方案设计在主题上就比较吸引人的眼光，功能分区比较齐全、特点突出，能够满足周围居民的休憩需求。分析图的绘制生动有新意。平面设计具有现代感。

不足之处在于硬质和软质空间的比例没有很好地划分。立面图及效果图运用元素较为统一，但内容不够丰富。各个入口处理有些简单。

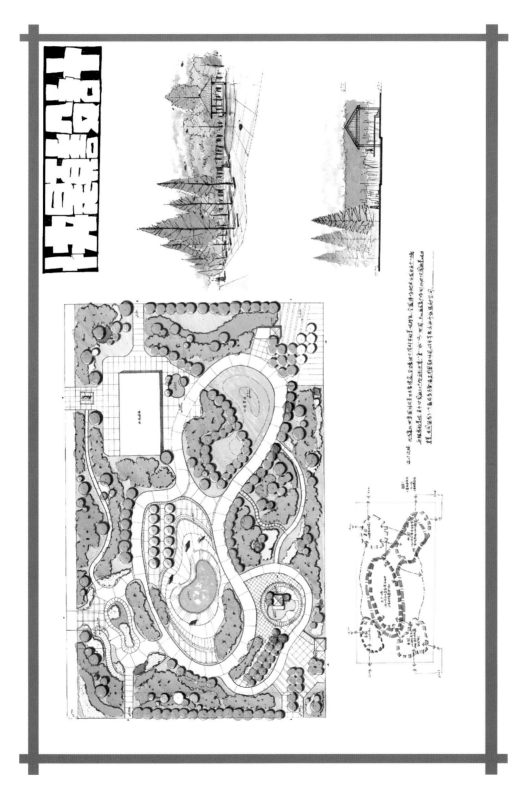

5.3 方案对比

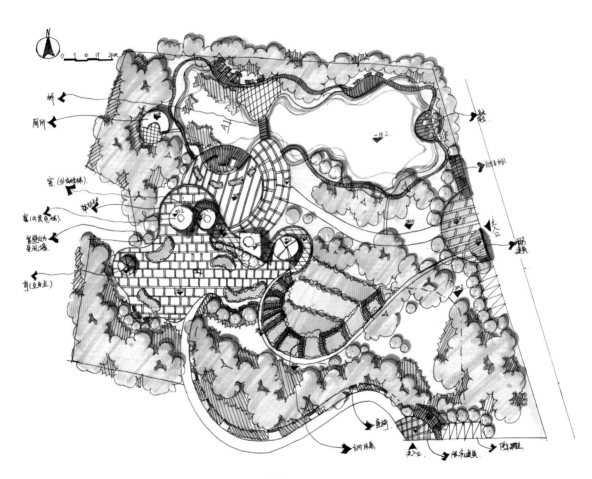

平面图 1:500.

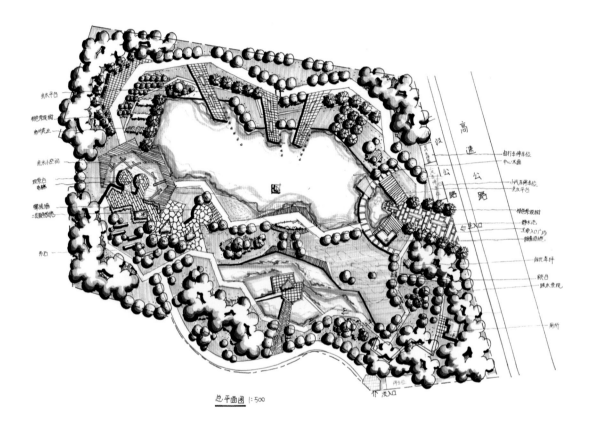

亲水平台
植物景观树
钓鱼场地

亲水小空间
观景台
色桥

螺旋梯
二层观景台

泉石

高
速
公
路

自行车停车位
中心水面

小汽车停车位
亲水平台

特色景观桥
潜水池
主要入口广场
阳膳防护栏

阳光草坪
绿白
跌水景观

厕所

亲水入口   潜台区

总平面图 1:500

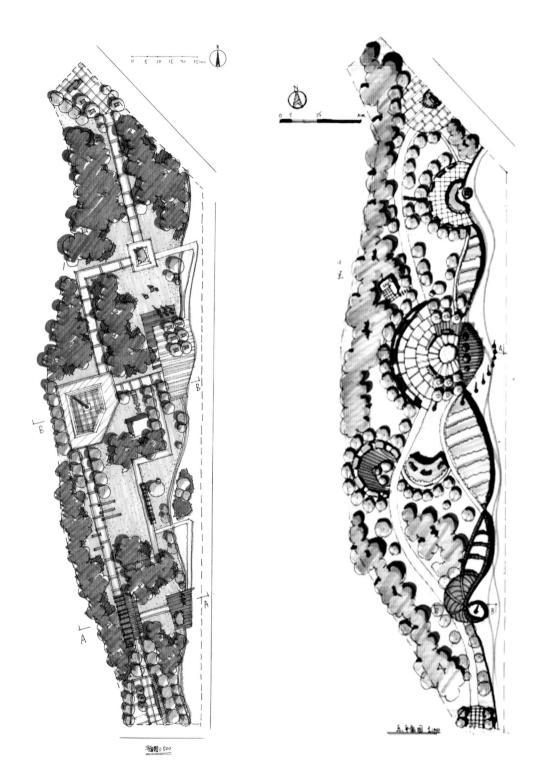

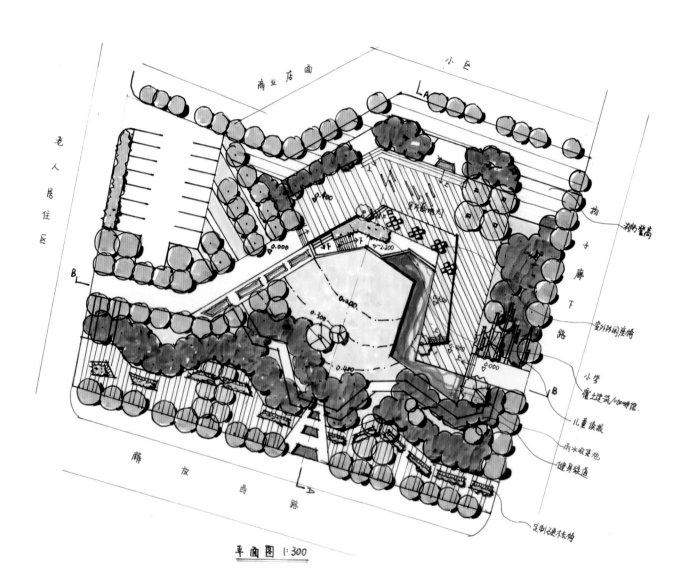

平面图 1:300

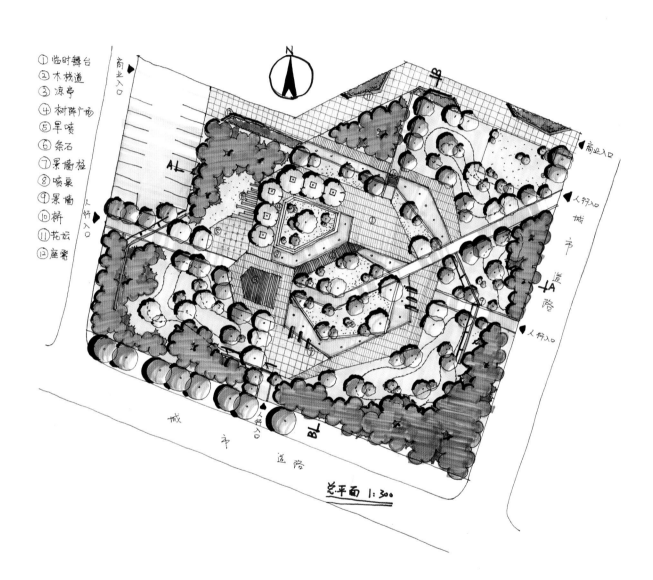

① 临时舞台
② 木栈道
③ 凉亭
④ 树阵广场
⑤ 旱喷
⑥ 条石
⑦ 景墙柱
⑧ 喷泉
⑨ 景墙
⑩ 桥
⑪ 花坛
⑫ 座凳

总平面 1:300

参考文献

［1］徐诗亮．印象手绘：景观设计手绘实例精讲［M］．北京：人民邮电出版社，2014．

［2］王红英，吴巍．景观·建筑速写与表现［M］．北京：中国水利水电出版社，2013．

［3］王红英，吴巍，祁焱华．风景园林设计基础［M］．北京：中国水利水电出版社，2014．

［4］绘世界手绘训练营．2015绘世界景观手绘线稿［M］．9版．武汉：武汉绘世界，2015．

［5］李鸣，柏影．完全绘本：园林景观设计手绘表达教学对话［M］．武汉：湖北美术出版社，2014．

［6］杜健，吕律谱．卓越手绘：30天必会景观手绘快速表现［M］．武汉：华中科技大学出版社，2014．

［7］王成虎，马瑞坤．景观快题设计与表达［M］．北京：中国林业出版社，2013．

［8］上林国际文化有限公司．EDSA景观手绘图典藏［M］．北京：中国科学技术出版社，2005．

［9］胡艮环．景观表现教程［M］．浙江：中国美术学院出版社，1970．

［10］王伟华，吴义曲．景观设计快速表现［M］．武汉：湖北美术出版社，2009．

［11］葛学朋．景观手绘方案与细节表现［M］．武汉：华中科技大学出版社，2012．

［12］三道手绘考研快题设计培训中心．景观快题设计方案方法与评析［M］．武汉：华中科技大学出版
社，2013．

［13］邓蒲兵．景观设计手绘表现［M］．上海：东华大学出版社，2012．

［14］塞布丽娜·维尔克．景观手绘技法［M］．沈阳：辽宁科学技术出版社，2014．

［15］赵航．景观·建筑手绘效果图表现技法［M］．北京：中国青年出版社，2006．

［16］孙述虎．景观设计手绘：草图与细节［M］．2版．南京：江苏凤凰科学技术出版社，2016．

［17］任全伟．园林景观快题手绘技法［M］．北京：化学工业出版社，2015．

［18］王红英，吴巍．鄂西土家族吊脚楼建筑艺术与聚落景观［M］．天津：天津大学出版社，2013．

［19］金晓东．景观手绘表现实战攻略［M］．沈阳：辽宁科学技术出版社，2011．